高等职业教育化工类专业教材

化工单元仿真操作

主编
冉　俊　白昌建
副主编
黄小玲　杨铭枢

中国轻工业出版社

图书在版编目（CIP）数据

化工单元仿真操作 / 冉俊，白昌建主编；黄小玲，杨铭枢副主编. -- 北京：中国轻工业出版社，2025. 2.（高等职业教育化工类专业教材）. -- ISBN 978-7-5184-5160-9

I. TQ02

中国国家版本馆 CIP 数据核字第 2024Q68Z36 号

责任编辑：江　娟　　责任终审：李建华
文字编辑：郑彩娟　　责任校对：吴大朋　　封面设计：锋尚设计
策划编辑：江　娟　　版式设计：砚祥志远　　责任监印：张　可

出版发行：中国轻工业出版社（北京鲁谷东街 5 号，邮编：100040）
印　　刷：三河市万龙印装有限公司
经　　销：各地新华书店
版　　次：2025 年 2 月第 1 版第 1 次印刷
开　　本：720×1000　1/16　印张：12. 25
字　　数：246 千字
书　　号：ISBN 978-7-5184-5160-9　定价：32. 00 元
邮购电话：010-85119873
发行电话：010-85119832　010-85119912
网　　址：http://www.chlip.com.cn
Email: club@chlip.com.cn
版权所有　侵权必究
如发现图书残缺请与我社邮购联系调换
231755J2X101ZBW

本书编写人员

主　编　冉　俊（重庆工信职业学院）

　　　　　白昌建（重庆市工业学校）

副主编　黄小玲（茂名市第二职业技术学校）

　　　　　杨铭枢（茂名市第二职业技术学校）

参　编　陈雨虹（茂名市第二职业技术学校）

　　　　　吴锦霞（茂名市第二职业技术学校）

主　审　陈雅娟（四川仪表工业学校）

　　　　　殷利明（重庆工信职业学院）

前　言

本教材以习近平新时代中国特色社会主义思想为指导，旨在落实全国职业教育大会精神，推动现代职业教育高质量发展。我们坚持面向实践、强化能力的工作要求，以课程思政为教育导向，以岗位能力为教学需求，以技能大赛为实训抓手，以技能考证为评价标准，体现“岗课赛证+思政融通”的职业教育特征。切实提高职业教育的质量、适应性和吸引力，培养更多高素质技术技能人才和能工巧匠，为加快建设教育强国、科技强国、人才强国服务。

本教材包括5大模块，由冉俊、白昌建主编并统稿，陈雅娟、殷利明主审。具体编写分工如下：模块一由白昌建编写，模块二由冉俊、黄小玲编写，模块三由杨铭枢、陈雨虹编写，模块四由黄小玲、杨铭枢编写，模块五由冉俊、吴锦霞编写。

基于高职学校现有学情，本教材以15个精心设计的项目为主线，采用项目驱动的方式对接全国职业院校技能大赛化工生产技术赛项和化工总控工岗位，旨在引导学生深入理解和掌握其核心技能。每个项目均模拟了真实的化工生产场景，涵盖了从基础理论到实际操作各个方面的知识。这种教学模式使学生更加直观地了解化工总控工的工作内容，并在实践中不断学习和提高自身技能。同时，本教材还特别强调化工安全与环境保护的重要性，培养学生的安全意识和环保意识。通过案例分析和实际操作，学生在模拟的化工生产环境中可以学会识别和处理各种潜在的安全问题，以确保生产过程的稳定性和安全性。

教材中每个项目都详细介绍了学习目标，旨在帮助学生明确学习方向和要点；项目导言为学生提供了一个全面而深入的背景信息；项目操作结果评价既为学生提供了反思自身学习过程和成果的机会，也能够使教师及时调整教学策略，更有效地满足学生的个性化学习需求；丰富的拓展阅读材料介绍了我国化工产业的绿色发展和其对社会的广泛影响，学生可以从中认识到作为化工产业从业者应承担的社会责任，培养他们的社会责任感。

在本书的编写过程中，我们得到了许多同行和专家的帮助和支持。在此，我们对他们的贡献表示衷心的感谢。同时，我们也欢迎读者提出宝贵的意见和建议，以帮助我们不断改进和完善。

本书适合高等职业教育化工、制药、环保等专业的学生、化工企业的技术人员以及对化工总控工作感兴趣的读者阅读。我们希望本书能够成为化工总控工职业发展道路上的良师益友，帮助读者更好地理解和应用化工仿真技术，共同推动化工行业的发展。

编者

2025 年 1 月

目 录 CONTENTS

模块一

单元仿真基础知识

项目一

概述

学习目标

【知识目标】

(1) 认识仿真技术及其应用。

(2) 了解仿真系统的使用方法。

【能力目标】

(1) 能够掌握仿真系统的使用方法。

(2) 能够认清各类图标对应的含义。

(3) 能够正确使用仿真培训系统。

【素质目标】

(1) 培养严谨的学习态度和安全生产意识。

(2) 养成良好的操作习惯。

(3) 意识到仿真技术对科技发展的推动。

项目导言

化工仿真技术是一种在化工领域中广泛应用的技术，其主要目的是通过计算机模拟各种化学反应和流体、固体的传输过程，来预测、优化和控制化工过程中的各种参数，从而提高化工生产的效率和质量（图 1-1）。

图 1-1　化工单元 3D 虚拟现实仿真

化工仿真技术的发展历史可以追溯到 20 世纪 60 年代，当时主要是应用数学模型来模拟化工过程。随着计算机技术的发展和数值计算方法的不断改进，化工仿真技术得到了进一步的发展。如图 1-2 所示为三维可视化仿真交互系统，仿真技术的世界变革，使得化学工程师可以更便捷地设计和开发化工过程。目前，化工仿真技术已经广泛应用于化工工艺、废水处理、环境保护和新材料研发等领域。随着计算技术和化学工程的发展，化工仿真技术将会进一步发展。

图 1-2　三维可视化仿真交互系统

项目任务

一、认识仿真技术及其应用

（一）仿真技术

仿真技术与计算机技术密切相关，它是以相似理论、模型理论、系统技术、信息技术以及仿真应用领域的相关专业技术为基础，以计算机系统、与应用有关的物理效应设备及仿真器为工具，利用模型系统（实际或假想的）进行研究的多学科综合性技术。根据所用模型的分类，仿真可分为物理仿真和数字仿真。物理仿真是以真实物体和系统，按一定的比例或规律进行缩小或扩大后的物理模型为实验对象，进行仿真研究。数字仿真是以真实物体或系统规律为依据，构建数学模型后，在仿真机上完成研究工作（图 1-3）。

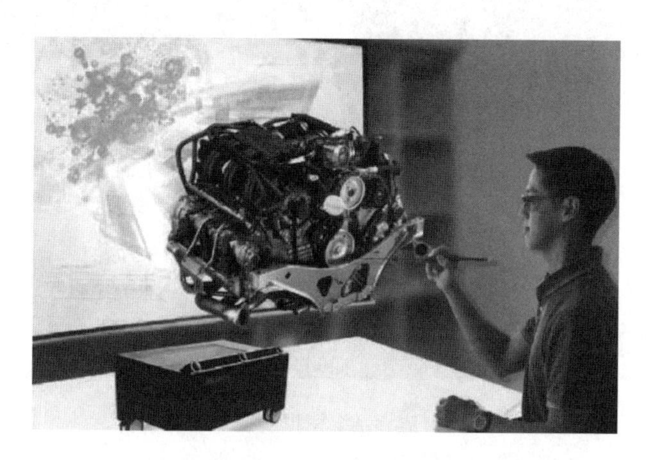

图 1-3　虚拟仿真是虚拟系统模仿真实系统的技术

（二）仿真技术的应用

1. 仿真技术的工业应用

仿真系统根据所服务的对象的需求不同而被划分为不同的行业类别，如航空航天、核能发电、火力发电、石油化工、冶金、轻工等。石化仿真系统是在航空航天、电站仿真系统之后，从 20 世纪 60 年代末由国外开始开发应用的，它是建立在化学工程、计算机技术、控制工程和系统工程等学科基础上的综合性实用技术。石化仿真系统是以计算机软硬件技术为基础，在深入了解石油化工的各种工艺过程、设备、控制系统及其生产操作的条件下，开发出包括石油化工各种工艺过程与设备的动态数学模型，并将其软件化。同时设计出易于在计算机上实现而在传统教学与实践中无法实现的各种培训功能，实现了与真实生产操作过程十分相似的培训环境模拟（图 1-4），从而让从事石油化工生产过程操作的各类人员在这样的仿真系统上操作与试验，为熟练掌握 DCS（Distributed Control System，分散控制系统）操作方法提供了非常有效的技术手段。

大量统计数据表明，学员通过数周内的系统仿真培训，可以取得相当于实际现场 2~5 年的工作经验。其诸多优势使其成为当前众多企业对新员工和现有人员培训的重要技术手段。

图 1-4　仿真系统模拟真实工作场景

2. 仿真技术的专业教学应用

近年来，由于仿真技术不断进步，其在职业教育领域的应用呈星星火燎原之势，仿真技术已经渗透到教学的各个领域。无论是理论教学、实验教学还是实习教学，与传统的教学手段相比，仿真技术无不显示其强大的优势。当前仿真技术在化工类职业院校主要发挥如下作用：

①深入了解化工过程系统的操作原理，提高对典型化工过程的开车、运行、停车操作及事故处理的能力。

②掌握调节器的基本操作技能，初步熟悉参数的在线整定。

③掌握复杂控制系统的投运和调整技术。

④提高对复杂化工过程动态运行的分析和决策能力，通过仿真实习训练能够提出最优开车方案。

⑤在熟悉了开、停车和复杂控制系统的操作基础上，训练分析、判断事故和处理事故的能力。

⑥科学地、严格地考核与评价学生经过训练后所达到的操作水平以及理论联系实际的能力。

⑦安全性很高，在教学过程中，学生在仿真器上进行事故训练不会发生人身危险，不会造成设备破坏和环境污染等经济损失。因此，仿真实习是一种最安全的实习方法（图 1-5）。

图 1-5　利用虚拟仿真技术开展沉浸式实习实训

二、仿真培训系统学员站的使用方法

（一）仿真培训系统学员站的启动

在正常运行的计算机上，完成如下操作，启动化工单元实习仿真培训系统学员站。

开始→程序→××软件→单击化工单元实习仿真软件（或双击桌面化工单元实习仿真软件快捷图标），启动如图 1-6 所示的学员站登录界面。

图 1-6　学员站登录界面

根据培训要求或技术条件的需要，学员可以自行选择练习的模式。

单机模式：学员自主学习，根据统一的教学安排完成培训任务。

局域网模式：通过网络，老师可对学员的培训过程进行统一安排、管理，使学员的学习更加有序、高效。

(二) 培训参数的选择

在启动的界面上，单击“单机练习”后进入培训参数选择界面，如图1-7所示。共有如下选项：①所有培训产品；②项目工艺；③项目内容；④通用DCS风格。

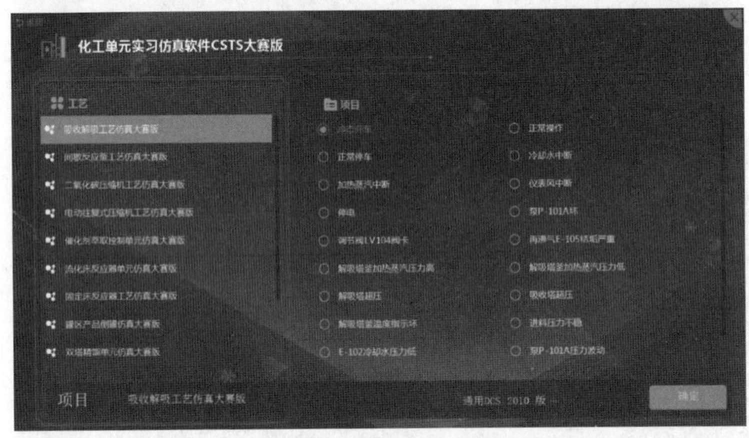

图1-7 培训参数的选择

1. 培训产品的选择

培训产品有4类：化工单元实习仿真软件CSTS大赛版、HSE应急预案3D虚拟仿真教学服务系统V2.0、化工生产设备维护与保养3D虚拟仿真教学服务系统、化工过程安全分析教学服务系统。学员可以根据需要选择培训产品进行练习或者考前训练。

2. 培训工艺项目的选择

点击打开化工单元实习仿真软件，仿真培训系统为学员提供了 12 个工艺训练仿真项目，包括吸收解吸、间歇反应釜、二氧化碳压缩机、电动往复式压缩机、催化剂萃取控制单元等（图 1-8）。

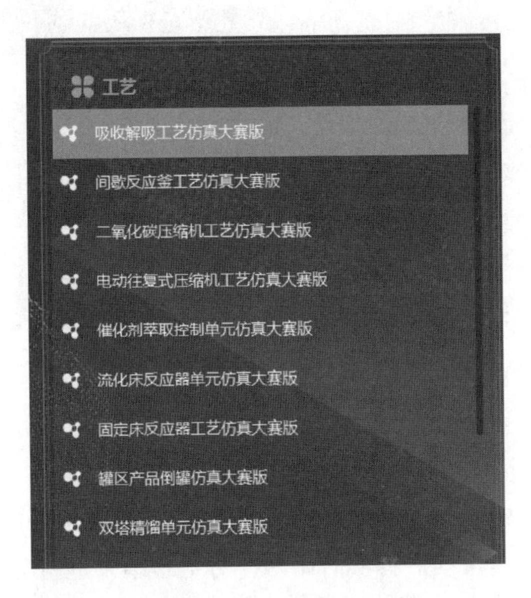

图 1-8　培训工艺项目的选择

3. 培训操作项目的选择

完成了培训工艺的选择，单击“培训项目”，进入具体的培训操作项目，如图 1-9 所示。仿真培训系统为学员提供了模拟化工生产中的冷态开车、正常开车、事故处理状态。根据教学计划的安排，学员可根据学习需要选定培训项目，用鼠标左键点击选中单元，点击对象高亮显示，完成培训操作项目的选择。

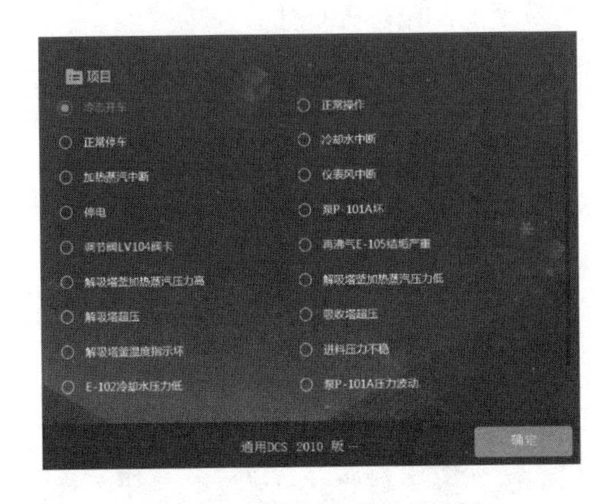

图 1-9　培训操作项目的选择

4. 通用 DCS 风格的选择

一般选择通用 DCS 2005 版和 DCS 2010 版（图 1-10）。

图 1-10　通用 DCS 风格的选择

三、操作质量评价系统

操作质量评价系统是独立的子系统，它和化工单元实习仿真培训系统同步启动，可以对学员的操作过程进行实时跟踪，对组态结果进行分析诊断，对学员的操作过程、步骤进行评定，最后将评断结果一一列举。

在操作质量评价系统中，详细地列出当前对象的具体操作步骤，每一步诊断信息采用得失分的形式显示在界面上。在质量诊断栏目中，显示操作的起始条件和终止条件，有利于学员的操作、分析和判断。

四、思考与讨论

1. 仿真技术是什么？仿真技术的用途是什么？
2. 仿真培训系统学员站的使用步骤是什么？
3. 请说明仿真系统中操作质量评价系统的功能。

拓展阅读

弘扬工匠精神，创造出彩中国

党的十八大以来，习近平总书记多次强调工匠精神，希望社会培养更多高技能人才和大国工匠，为全面建设社会主义现代化国家提供有力人才保障。

大国重器必伴随着工匠的精湛技艺。工匠精神意味着精益求精、精雕细琢，意味着对高品质追求的责任感与自豪感。工匠精神源于“工”这一古老的职业。《周礼·冬官考工记》记载：“知者创物，巧者述之，守之世，谓之工。”“工”的职责就是造物，精湛的技艺是工匠的立足之本。庖丁解牛、鬼斧神工、炉火纯青等成语，都是对工匠技艺的形象表达。景德镇非遗传承人盛松柏：一辈子专注“一支笔”，如图 1-11 所示。

图 1-11　景德镇非遗传承人盛松柏：一辈子专注“一支笔”

国以才立，业以才兴，强国逐梦更需卓越工匠。2024 年，255 个集体和 1088 名个人分获全国五一劳动奖状、奖章，1034 个集体获全国“工人先锋号”称号。获奖之人既有年过半百的“老师傅”，也有正值青春的“小工匠”，每个人身上透着的那股执着求精的精神品质，是推动发展的重要力量。

弘扬工匠精神不是一句口号，而是要投入实际行动。践行工匠精神，不但要培养浓厚的兴趣，还要有强烈的事业心、责任感，因为只有那些有事业心、责任感的人，才能几十年如一日钻研某一种技艺技能，造就精品。践行工匠精神，更要把自己的事业追求与国家、社会、行业的需要结合起来，既要热爱本职，还要精研本职，才能在平凡岗位上不断追求卓越、创造出彩人生。

模块二

流体输送操作实训

项目二

离心泵单元

学习目标

【知识目标】

(1) 掌握离心泵的设备结构。
(2) 掌握离心泵的工作原理。
(3) 掌握离心泵的基本工作流程。
(4) 掌握离心泵工作过程中关键参数的调控。
(5) 掌握离心泵典型故障的现象和解决方案。

【能力目标】

(1) 能够根据开车操作规程，进行离心泵开车操作。
(2) 能够根据停车操作规程，进行离心泵停车操作。
(3) 能够根据温度等参数的运行，判断参数的波动和程度。
(4) 能够正确处理参数的波动，保持装置稳定运行。
(5) 能够及时正确判断事故类型，并且妥善处理事故。

【素质目标】

(1) 具备诚实守信、爱岗敬业、精益求精的职业素养。
(2) 在工作中具备较强的表达能力和沟通能力。
(3) 具备严格遵守操作规程的意识。
(4) 具备安全用电，正确防火、防爆、防毒意识。
(5) 主动思考技术难点，具备一定的创新能力。

项目导言

在工业生产和国民经济的许多领域，常需对液体进行输送或加压，能完成此类任务的机械称为泵，而其中靠离心作用的为离心泵（图 2-1）。由于离心泵具有结构简单、性能稳定、检修方便、操作容易和适应性强等特点，在化工生产中应用十分广泛，据统计其在液体输送设备中占比超过 80%。因此，离心泵的操作是化工生产中最基本的操作。

离心泵由吸入管、排出管和离心泵主体组成，图 2-2 所示为单级单吸式离心泵结构图。离心泵主体分为转动部分和固定部分。转动部分由电机带动旋转，将能量传递给被输送的部分，主要包括叶轮和泵轴。固定部分包括泵壳、导轮、密封装置等。叶轮是离心泵中使液体接受外加能量的部件。泵轴的作用是把电动机的能量传递给叶轮。泵壳是流通截面积逐渐扩大的蜗形壳体，它将液体限制在一定的空间里，并将液体大部分动能转化为静压能。导轮是一组与叶轮旋转方向相适应且固定于泵壳上的叶片。密封装置的作用是防止液体泄漏或空气倒吸入泵内。

图 2-1　离心泵外观图

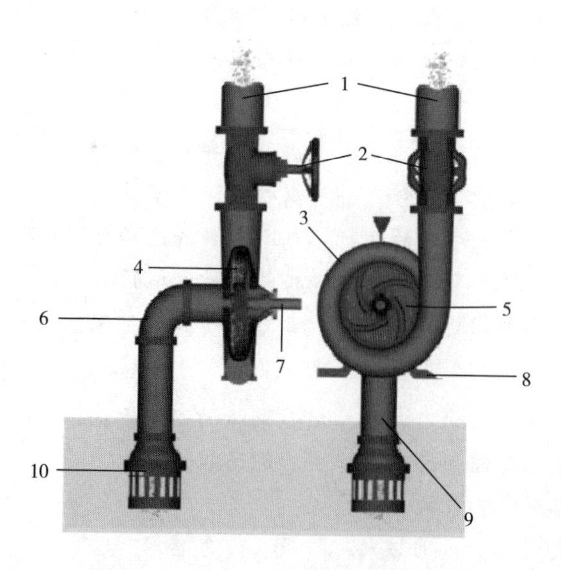

1—压水管；2—闸阀；3—泵壳；4，5—叶轮；6，9—吸水管；7—泵轴；8—泵座；10—底阀。

图 2-2　单级单吸式离心泵结构图

启动灌满了被输送液体的离心泵后，在电机的作用下，泵轴带动叶轮一起旋转，叶轮的叶片推动其间的液体转动，在离心力的作用下，液体被甩向叶轮边缘并获得动能，在导轮的引领下沿流通截面积逐渐扩大的泵壳流向排出管，液体流速逐渐降低，而静压能逐渐增大，排出管的增压液体经管路即可送往目的地。与此同时，叶轮中心由于液体被甩出而形成一定的真空，因贮槽液面上方压强大于叶轮中心处压强，在压力差的作用下，液体不断地通过吸入管进入泵内，以填补被排出的液体位置。因此，只要叶轮不断旋转，液体便不断地被吸入和排出。由此可见，离心泵之所以能输送液体，主要是依靠高速旋转的叶轮。

离心泵的操作中有两种现象应当避免：气缚和气蚀。气缚是指在启动离心泵之前泵内没有灌满被输送的液体，或在运转过程中泵内渗入了空气，因为气体的密度小于液体的密度，产生的离心力小，无法把空气甩出去，导致叶轮中心所形成的真空度不足以将液体吸入泵内，尽管此时叶轮在不停地旋转，却由于离心泵失去了自吸能力而无法输送液体，这种现象称为气缚（图 2-3）。气蚀是指当贮槽液面的压力一定时，当叶轮中心的压力降低到等于被输送液体当前温度下的饱和蒸汽压时，叶轮进口处的液体会出现大量的气泡，这些气泡随液体进入高压区后又迅速被压碎而凝结，致使气泡所在空间形成真空，周围的液体质点以极快的速度冲向气泡中心，造成瞬间冲击压力，从而使得叶轮部分很快损坏，同时伴有泵体震动，发出噪音，泵的流量、扬程和效率明显下降，这种现象称为气蚀（图 2-4）。气蚀现象会使泵壳和叶轮表面变得凹凸不平，摩擦系数增加，泵效率下降，电耗增加，易对叶轮、泵壳等产生破坏。

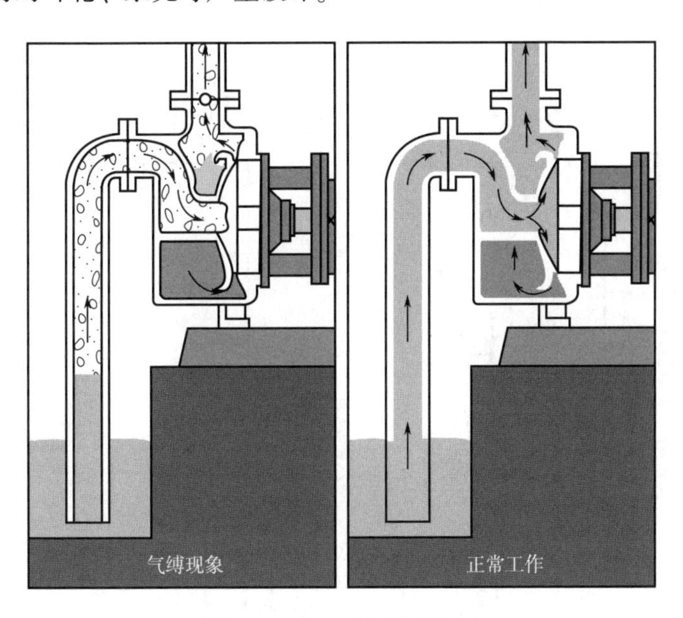

图 2-3　离心泵气缚现象图

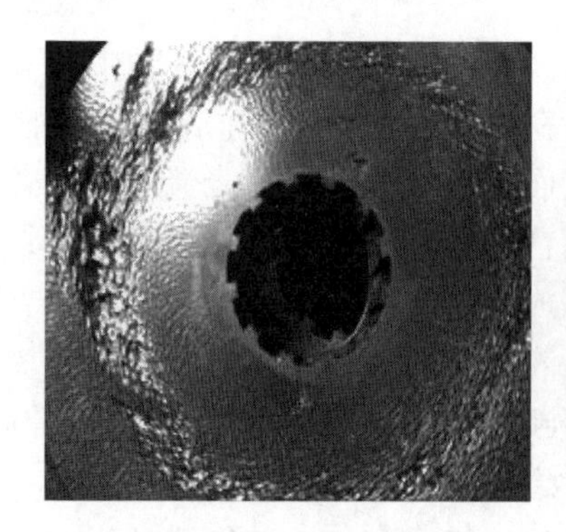
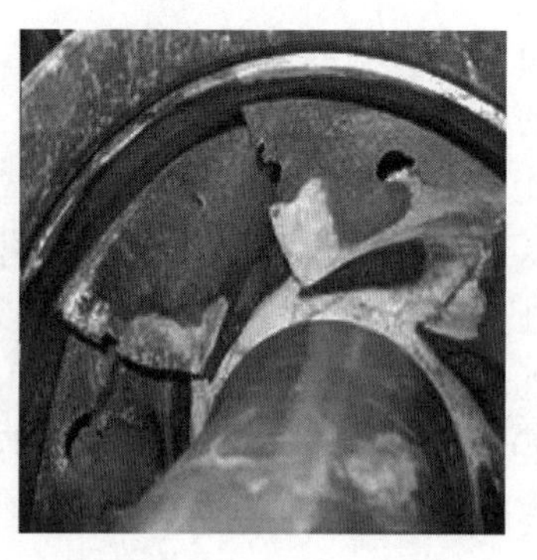

图 2-4　离心泵气蚀现象图

项目任务

一、工艺流程简介

离心泵是化工生产过程中输送液体的常用设备之一，其工作原理是靠离心泵内外压差，不断地吸入液体，靠叶轮的高速旋转使液体获得动能，靠扩压管或导叶将动能转化为静压能，从而达到输送液体的目的。

本工艺为单独进行离心泵技能培训而设计，其工艺流程（参考流程仿真界面）如图 2-5 所示。

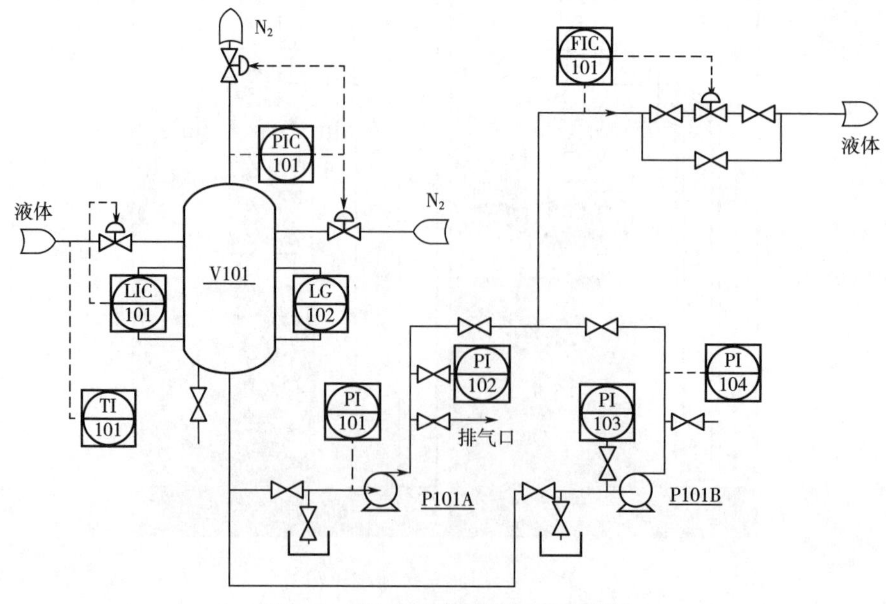

图 2-5　离心泵技能培训工艺流程图

来自某一设备约40℃的带压液体经调节阀LIC101进入带压罐V101，罐液位由液位控制器LIC101通过调节带压液体储罐V101的进料量来控制；罐内压力由PIC101分程控制，P101A、P101B分别调节进入V101和出V101的氮气量，从而保持罐压恒定在5.0atm[1)]。罐内液体由离心泵P101A/B抽出，泵出口流量在流量调节器FIC101的控制下输送到其他设备。

二、 DCS图、现场图

离心泵仿真单元DCS与现场图如图2-6和图2-7所示。

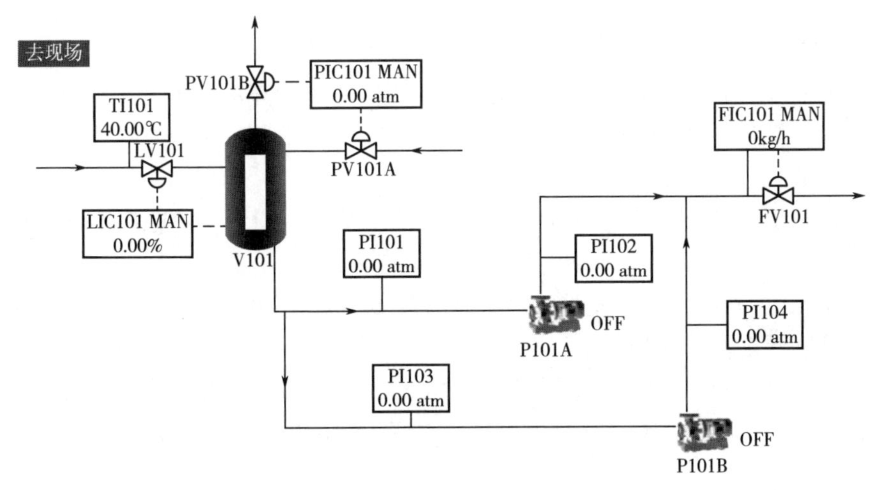

图2-6　离心泵仿真单元DCS图

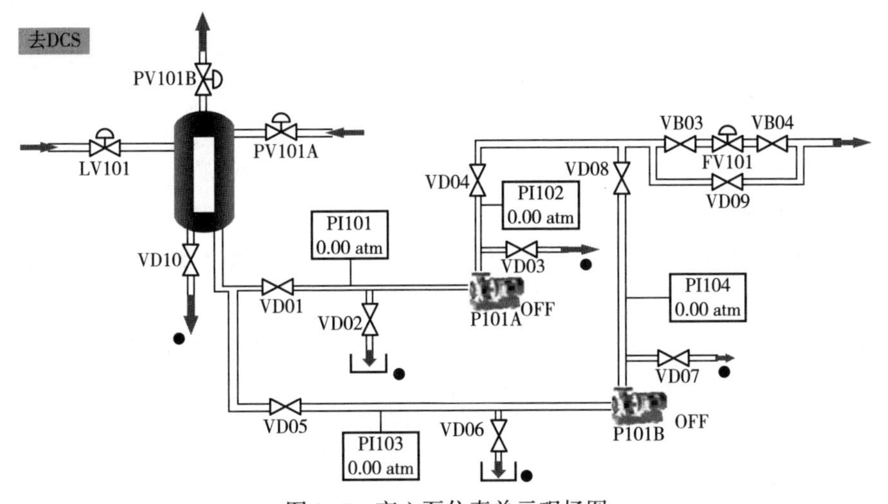

图2-7　离心泵仿真单元现场图

1）1atm=1.013×10^{5}Pa，全书同。

三、操作步骤

（一）冷态开车

1. 准备工作

（1）盘车。

（2）核对吸入条件。

（3）调整填料或机械密封装置。

2. 罐 V101 充液、充压

（1）罐 V101 充液

①打开 LIC101 调节阀，开度约为 30%，向 V101 罐充液。

②当 LIC101 达到 50%时，LIC101 设定 50%，投自动。

（2）罐 V101 充压

①待 V101 罐液位大于 5%后，缓慢打开分程压力调节阀 PV101A 向 V101 罐充压。

②当压力升高到 5.0 atm 时，PIC101 设定 5.0 atm，投自动。

3. 启动泵前准备工作

（1）灌泵　待 V101 罐充压充到正常值 5.0 atm 后，打开 P101A 泵入口阀 VD01，向离心泵充液。观察 VD01 出口标志变为绿色后，说明灌泵完毕。

（2）排气

①打开 P101A 泵后排气阀 VD03 排放泵内不凝性气体。

②观察 P101A 泵后排空阀 VD03 的出口，当有液体溢出时，显示标志变为绿色，标志着 P101A 泵已无不凝气体，关闭 P101A 泵后排空阀 VD03，启动离心泵的准备工作已就绪。

4. 启动离心泵

（1）启动离心泵　启动 P101A 或 P101B 泵。

（2）流体输送

①待 PI102 指示比入口压力大 1.5~2.0 倍后，打开 P101A 泵出口阀（VD04）。

②将 FIC101 调节阀的前阀、后阀打开。

③逐渐开大调节阀 FIC101 的开度，使 PI101、PI102 趋于正常值。

（3）调整操作参数　微调 FV101 调节阀，在测量值与给定值相对误差 5%范围内且较稳定时，FIC101 设定到正常值，投自动。

（二）正常停车

1. V101 罐停进料

LIC101 置手动，并手动关闭调节阀 LV101，停 V101 罐进料。

2. 停泵

（1）待罐 V101 液位小于 10%时，关闭 P101A 或 P101B 泵的出口阀（VD04）。

（2）停 P101A 泵。

（3）关闭 P101A 泵前阀 VD01。

（4）FIC101 置手动并关闭调节阀 FV101 及其前、后阀（VB03、VB04）。

3. 泵 P101A 泄液

打开泵 P101A 泄液阀 VD02，观察 P101A 泵泄液阀 VD02 的出口，当不再有液体泄出时，显示标志变为红色，关闭 P101A 泵泄液阀 VD02。

4. V101 罐泄压、泄液

（1）待罐 V101 液位小于 10%时，打开 V101 罐泄液阀 VD10。

（2）待 V101 罐液位小于 5%时，打开 PIC101 泄压阀。

（3）观察 V101 罐泄液阀 VD10 的出口，当不再有液体泄出时，显示标志变为红色，待罐 V101 液体排净后，关闭泄液阀 VD10。

（三）事故处理

离心泵事故现象及处理方案如表 2-1 所示。

表 2-1　　离心泵事故现象及处理方案表

事故名称	事故现象	处理方案
P101A 离心泵（工作泵）损坏	①P101A 离心泵（工作泵）出口压力急剧下降 ②FIC101 流量急剧减小	切换到备用离心泵（备用泵）P101B： ①全开 P101B 离心泵（备用泵）入口阀 VD05、向离心泵（备用泵）P101B 灌液，全开排空阀 VD07 排 P101B 的不凝气，当显示标志为绿色后，关闭 VD07 ②灌泵和排气结束后，启动 P101B ③待离心泵（备用泵）P101B 出口压力升至入口压力的 1.5~2 倍后，打开 P101B 出口阀 VD08，同时缓慢关闭离心泵（工作泵）P101A 出口阀 VD04，以尽量减少流量波动 ④待离心泵（备用泵）P101B 进出口压力指示正常，按停泵顺序停止离心泵（工作泵）P101A 运转，关闭离心泵（工作泵）P101A 入口阀 VD01，并通知维修工
调节阀 FV101 阀卡顿	FIC101 的液体流量不可调节	①打开 FV101 的旁通阀 VD09，调节流量使其达到正常值 ②手动关闭调节阀 FV101 及其后阀 VB04、前阀 VB03 ③通知维修部门

续表

事故名称	事故现象	处理方案
离心泵（工作泵）P101A 入口管线堵	①P101A 离心泵（工作泵）入口、出口压力急剧下降 ②FIC101 流量急剧减小到零	按泵的切换步骤切换到备用离心泵（备用泵）P101B，并通知维修部门进行维修
P101A 离心泵（工作泵）气蚀	①P101A 离心泵（工作泵）入口、出口压力上下波动 ②P101A 离心泵（工作泵）出口流量波动（大部分时间达不到正常值）	按泵的切换步骤切换到备用离心泵（备用泵）P101B
P101A 离心泵（工作泵）气缚	①P101A 离心泵（工作泵）入口、出口压力急剧下降 ②FIC101 流量急剧减少	按泵的切换步骤切换到备用离心泵（备用泵）P101B

四、思考与讨论

1. 离心泵的主要部件是什么？
2. 离心泵的主要性能参数是什么？
3. 什么是气蚀现象？气蚀现象有什么破坏作用？
4. 为什么启动前一定要将离心泵灌满被输送液体？

五、项目操作结果评价

完成项目操作后，请填写结果评价表（表 2–2）。

表 2–2　　离心泵项目操作结果评价表

<table>
<tr><td>姓名</td><td colspan="2"></td><td>学号</td><td></td><td colspan="2">班级</td><td colspan="2"></td></tr>
<tr><td>组别</td><td colspan="2"></td><td>组长</td><td></td><td colspan="2">成员</td><td colspan="2"></td></tr>
<tr><td>项目名称</td><td colspan="8"></td></tr>
<tr><td>维度</td><td colspan="4">评价内容</td><td>自评</td><td>互评</td><td>师评</td><td>总评</td></tr>
<tr><td rowspan="5">知识</td><td colspan="4">掌握离心泵的设备结构</td><td></td><td></td><td></td><td></td></tr>
<tr><td colspan="4">掌握离心泵的工作原理</td><td></td><td></td><td></td><td></td></tr>
<tr><td colspan="4">掌握离心泵的基本工作流程</td><td></td><td></td><td></td><td></td></tr>
<tr><td colspan="4">掌握离心泵工作过程中关键参数的调控</td><td></td><td></td><td></td><td></td></tr>
<tr><td colspan="4">掌握离心泵典型故障的现象和解决方案</td><td></td><td></td><td></td><td></td></tr>
</table>

续表

维度	评价内容	自评	互评	师评	总评
能力	能够根据开车操作规程，进行离心泵开车操作				
	能够根据停车操作规程，进行离心泵停车操作				
	能够根据温度等参数的运行，判断参数的波动和程度				
	能够正确处理参数的波动，保持装置稳定运行				
	能够及时正确判断事故类型，并且妥善处理事故				
素质	具备诚实守信、爱岗敬业、精益求精的职业素养				
	在工作中具备较强的表达能力和沟通能力				
	具备严格遵守操作规程的意识				
	具备安全用电，正确防火、防爆、防毒意识				
	主动思考技术难点，具备一定的创新能力				
总结反思					

拓展阅读

中国民族化学工业奠基人——范旭东

范旭东（1883—1945），祖籍湖南湘阴，生于长沙，中国化工实业家，中国重化学工业的奠基人，被称为“中国民族化学工业之父”。

1910 年，范旭东毕业于京都帝国大学化学系。1914 年，在天津塘沽创办久大精盐公司。1917 年，开始创建永利碱厂。1926 年，生产出优质纯碱。1934 年，在南京创办永利铔厂。1937 年，生产出中国第一批硫酸铵产品。1943 年，研究开发成功了联合制碱新工艺。

范旭东先后创办和筹建久大精盐公司、久大精盐厂、永利碱厂、永裕盐业公司、黄海化学工业研究社等企业，历任总经理、董事长，化学工业会副会长等职，并生产出中国第一批硫酸铵产品、更新了中国联合制碱工艺，其所形成的“永久黄”团体，是近代中国第一个大型私营化工生产和研究组织，被毛泽东称赞为中国人民不可忘记的四大实业家之一。

项目三

CO_2压缩机单元

学习目标

【知识目标】

（1）掌握 CO_2 压缩机的设备结构。

（2）掌握 CO_2 压缩机工作原理。

（3）掌握 CO_2 压缩机的基本工作流程。

（4）掌握 CO_2 压缩机工作过程中关键参数的调控。

（5）掌握 CO_2 压缩机典型故障的现象和解决方案。

【能力目标】

（1）能够根据开车操作规程，进行 CO_2 压缩机开车操作。

（2）能够根据停车操作规程，进行 CO_2 压缩机停车操作。

（3）能够根据温度等参数的运行，判断参数的波动和程度。

（4）能够正确处理参数的波动，保持装置稳定运行。

（5）能够及时正确判断事故类型，并且妥善处理事故。

【素质目标】

（1）具备诚实守信、爱岗敬业、精益求精的职业素养。

（2）在工作中具备较强的表达能力和沟通能力。

（3）具备严格遵守操作规程的意识。

（4）具备安全用电，正确防火、防爆、防毒意识。

（5）主动思考技术难点，具备一定的创新能力。

项目导言

CO_2 压缩机单元是将合成氨装置的原料气 CO_2 经本单元压缩做功后送往下一工段——尿素合成工段，采用的是以汽轮机驱动的四级离心压缩机（图 3-1）。其机组主要由压缩机主机、驱动机、润滑油系统、控制油系统和防喘振装置组成。

图 3-1　CO_2 压缩机

项目任务

一、工艺流程简介

1. CO_2 流程说明

本工艺为单独进行 CO_2 压缩机技能培训而设计，其工艺流程（参考流程仿真界面）如图 3-2 所示。

来自合成氨装置的原料气 CO_2 压力为 150kPa（A），温度为 38℃，流量由 FR8103 计量，进入 CO_2 压缩机一段分离器 V-111，在此分离掉 CO_2 气相中夹带的液滴后进入 CO_2 压缩机的一段入口，经过一段压缩后，CO_2 压力上升为 0.38MPa（A），温度为 194℃，进入一段冷却器 E-119 用循环水冷却到 43℃，为了保证尿素装置防腐所需氧气，在 CO_2 进入 E-119 前加入适量来自合成氨装置的空气，流量由 FRC-8101 调节控制，CO_2 气中氧含量为 0.25%～0.35%，在一段分离器 V-119 中分离掉液滴后进入二段进行压缩，二段出口 CO_2 压力为 1.866MPa（A），温度为 227℃。然后进入二段冷却器 E-120 冷却到 43℃，并经二段分离器 V-120 分离掉液滴后进入三段。

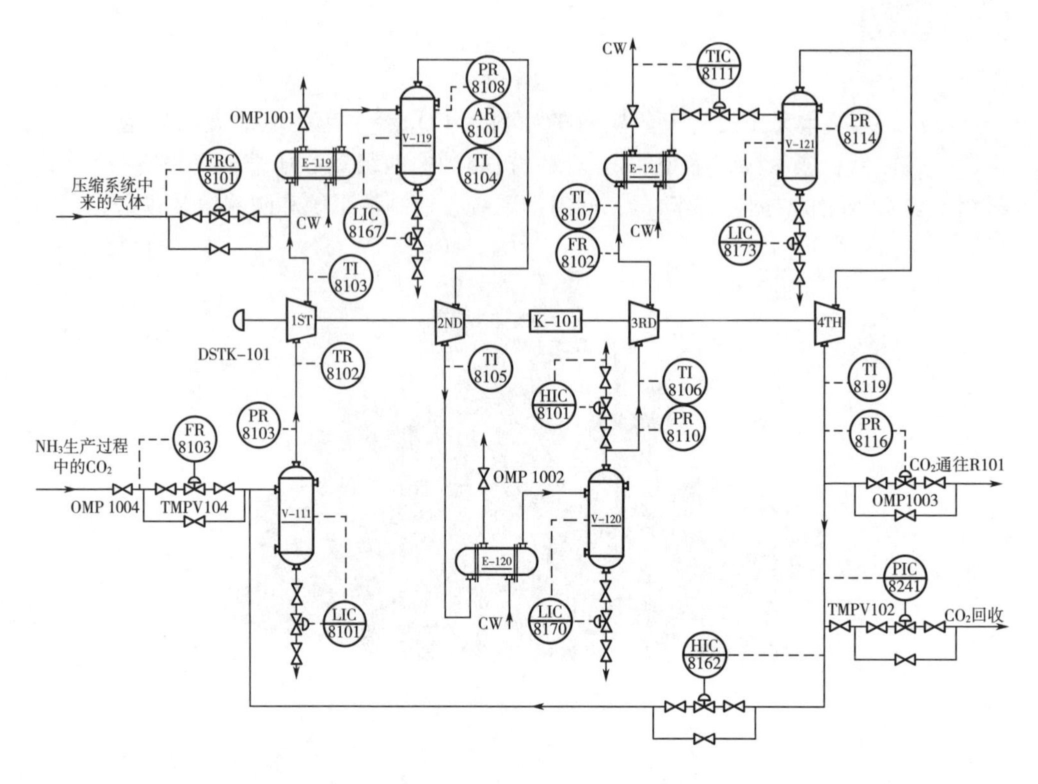

图 3-2　CO_2 压缩机技能培训工艺流程图

在三段入口设计有段间放空阀，便于低压缸 CO_2 压力控制和快速泄压，CO_2 经三段压缩后压力升到 8.046MPa（A），温度为 214℃，进入三段冷却器 E-121 中冷却。为防止 CO_2 过度冷却而生成干冰，在三段冷却器冷却水回水管线上设计有温度调节阀 TIC8111，用此阀来控制四段入口 CO_2 温度在 50~55℃。冷却后的 CO_2 进入四段压缩后压力升到 15.5MPa（A），温度为 121℃，进入尿素高压合成系统。为防止 CO_2 压缩机高压缸超压、喘振，在四段出口管线上设计有四回一阀 HV8162（即 HIC8162）。

2. 蒸气流程说明

主蒸气压力为 5.882MPa，湿度为 450℃，流量为 82t/h，进入透平做功，其中一大部分在透平中部被抽出，抽气压力为 2.598MPa，温度为 350℃，流量为 54.4t/h，送至框架，另一部分通过中压调节阀进入透平后气缸继续做功，做完功后的乏气进入蒸气冷凝系统。

二、 DCS 图、现场图

CO_2 压缩机仿真单元 DCS 与现场图如图 3-3 至图 3-6 所示。CO_2 压缩机辅助控制盘如图 3-7 所示。

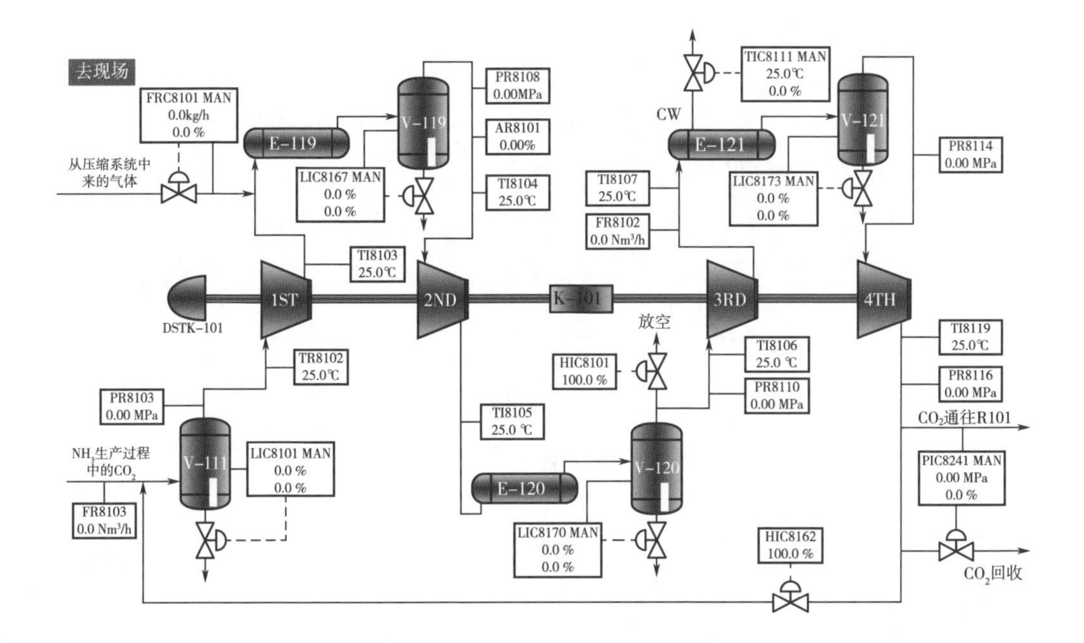

图 3-3 CO_2 压缩机仿真单元 DCS 图

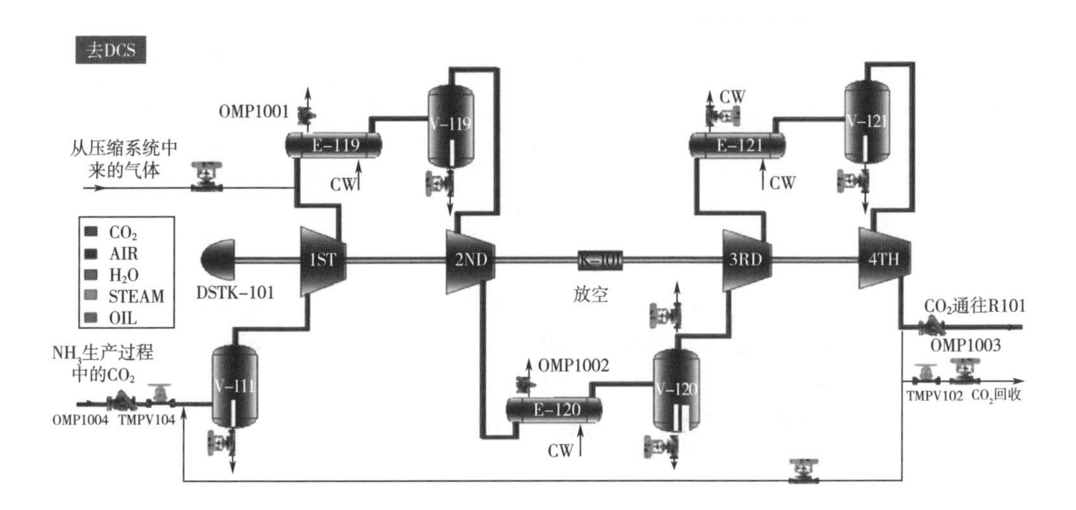

图 3-4 CO_2 压缩机仿真单元现场图

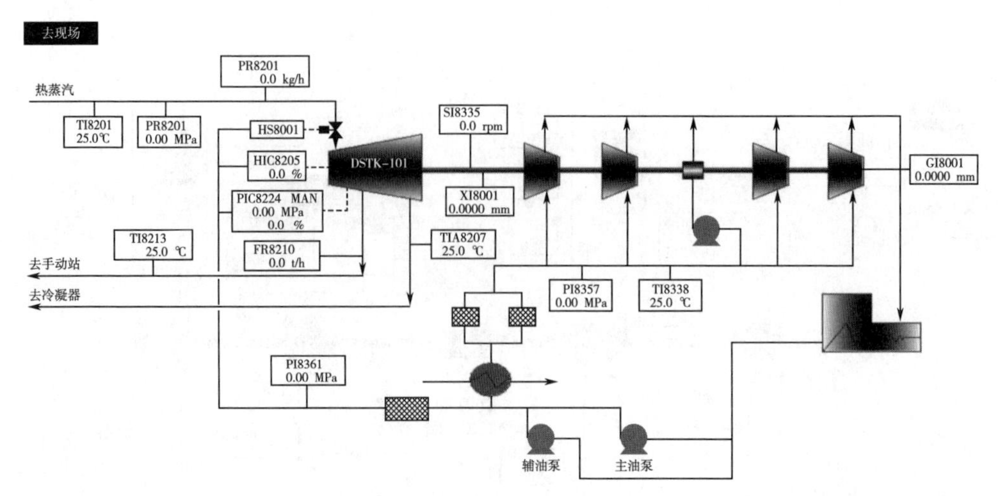

图 3-5　压缩机透平油系统 DCS 图

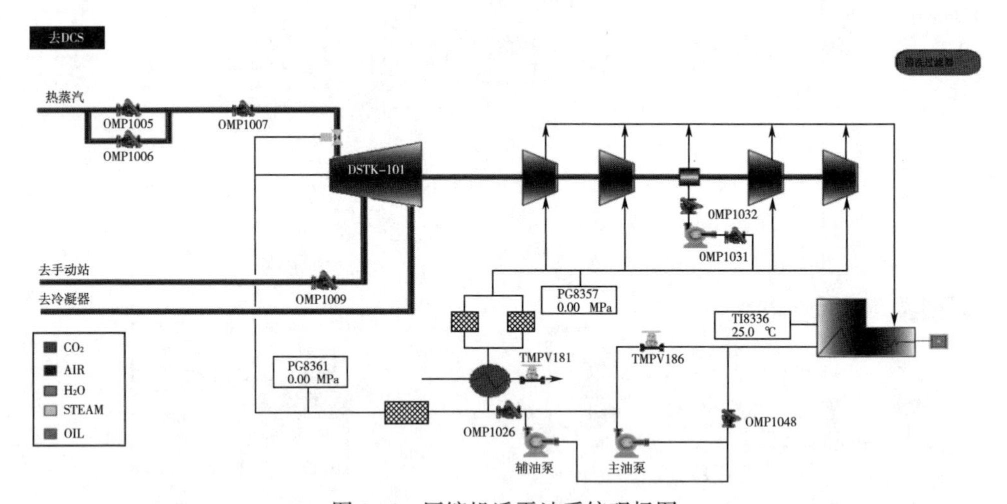

图 3-6　压缩机透平油系统现场图

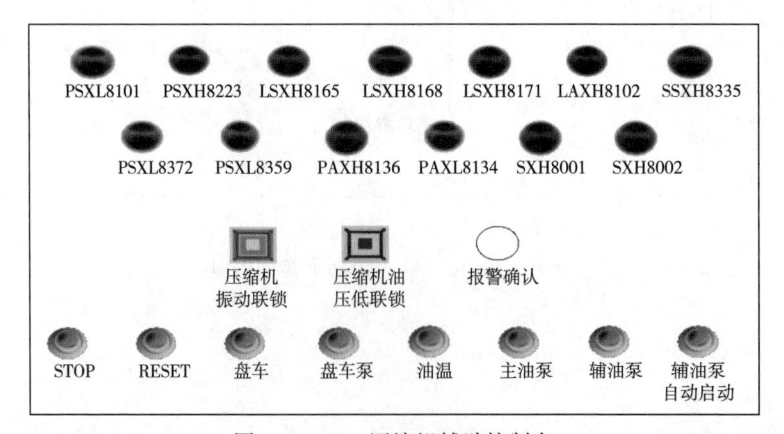

图 3-7　CO_2 压缩机辅助控制盘

三、操作步骤

（一）冷态开车

1. 准备工作：引循环水

（1）压缩机岗位 E-119 开循环水阀 OMP1001，引入循环水。

（2）压缩机岗位 E-120 开循环水阀 OMP1002，引入循环水。

（3）压缩机岗位 E-121 开循环水阀 TIC8111，引入循环水。

2. CO_2 压缩机油系统开车

（1）在辅助控制盘上启动油箱油温控制器 OMP1045，将油温升到 40℃左右。

（2）打开油泵的前切断阀 OMP1026。

（3）打开油泵的后切断阀 OMP1048。

（4）从辅助控制盘上开启主油泵 OIL PUMP。

（5）调整油泵回路阀 TMPV186，将控制油压力控制在 0.9MPa 以上。

3. 盘车

（1）开启盘车泵的前切断阀 OMP1031。

（2）开启盘车泵的后切断阀 OMP1032。

（3）从辅助控制盘启动盘车泵。

（4）在辅助控制盘上按盘车按钮盘车至转速大于 150r/min。

（5）检查压缩机有无异常响声，检查振动、轴位移等。

4. 停止盘车

（1）在辅助控制盘上按盘车按钮停盘车。

（2）从辅助控制盘停盘车泵。

（3）关闭盘车泵的后切断阀 OMP1032。

（4）关闭盘车泵的前切断阀 OMP1031。

5. 联锁试验

（1）油泵自启动试验　主油泵启动且将油压控制正常后，在辅助控制盘上将辅助油泵自动启动按钮按下，按一下 RESET 按钮，打开透平蒸汽速关阀 HS8001，再在辅助控制盘上按停主油泵，辅助油泵应该自行启动，联锁不应动作。

（2）低油压联锁试验　主油泵启动且将油压控制正常后，确认在辅助控制盘上没有将辅助油泵设置为自动启动，按一下 RESET 按钮，打开透平蒸汽速关阀 HS8001，关闭四回一阀和段间放空阀，通过油泵回路阀缓慢降低油压，当油压降低到一定值时，仪表盘 PSXL8372 应该报警，按确认后继续开大阀降低油压，检查联锁是否动作，动作后透平蒸汽速关阀 HS8001 应该关闭，且原已关闭的四回一阀和段间放空阀应该全开。

（3）停车试验　主油泵启动且将油压控制正常后，按一下 RESET 按钮，打开透平蒸汽速关阀 HS8001，关闭四回一阀和段间放空阀，在辅助控制盘上按一下 STOP 按钮，透平蒸汽速关阀 HS8001 应该关闭，关闭四回一阀，段间放空阀应该全开。

6. 暖管暖机

（1）在辅助控制盘上点辅油泵自动启动按钮，将辅油泵设置为自启动。

（2）打开入界区蒸汽副线阀 OMP1006，准备引蒸汽。

（3）打开蒸汽透平主蒸汽管线上的切断阀 OMP1007，压缩机暖管。

（4）打开 CO_2 放空截止阀 TMPV102。

（5）打开 CO_2 放空调节阀 PIC8241。

（6）透平入口管道内蒸汽压力上升到 5.0MPa 后，开入界区蒸汽阀 OMP1005。

（7）关副线阀 OMP1006。

（8）打开 CO_2 进料总阀 OMP1004。

（9）全开 CO_2 进口控制阀 TMPV104。

（10）打开透平抽出截止阀 OMP1009。

（11）从辅助控制盘上按一下 RESET 按钮，准备冲转压缩机。

（12）打开透平蒸汽速关阀 HS8001。

（13）逐渐打开阀 HIC8205，将转速 SI8335 提高到 1000r/min，进行低速暖机。

（14）控制转速为 1000r/min，暖机 15min（模拟为 1min）。

（15）打开油冷器冷却水阀 TMPV181。

（16）暖机结束，将机组转速缓慢提到 2000r/min，检查机组运行情况。

（17）检查压缩机有无异常响声，检查振动、轴位移等。

（18）控制转速 2000r/min，停留 15min（模拟为 1min）。

7. 过临界转速

（1）继续开大 HIC8205，将机组转速缓慢提到 3000r/min，准备过临界转速（3000~3500r/min）。

（2）继续开大 HIC8205，用 20~30s 的时间将机组转速缓慢提到 4000r/min，通过临界转速。

（3）逐渐打开 PIC8224 到 50%。

（4）缓慢将段间放空阀 HIC8101 关小到 72%。

（5）将 V111 液位控制 LIC8101 投自动，设定值在 20%左右。

（6）将 V119 液位控制 LIC8167 投自动，设定值在 20%左右。

（7）将 V120 液位控制 LIC8170 投自动，设定值在 20%左右。

（8）将 V121 液位控制 LIC8173 投自动，设定值在 20%左右。

（9）将 TIC8111 投自动，设定值在 52℃左右。

8. 升速升压

（1）继续开大 HIC8205，将机组转速缓慢提到 5500r/min。

（2）缓慢将段间放空阀 HIC8101 关小到 50%。

（3）继续开大 HIC8205，将机组转速缓慢提到 6050r/min。

（4）缓慢将段间放空阀 HIC8101 关小到 25%。

（5）缓慢将四回一阀 HIC8162 关小到 75%。

（6）继续开大 HIC8205，将机组转速缓慢提到 6400r/min。

（7）缓慢将段间放空阀 HIC8101 关闭。

（8）缓慢将四回一阀 HIC8162 关闭。

（9）继续开大 HIC8205，将机组转速缓慢提到 6935r/min。

（10）调整 HIC8205，将机组转速 SI8335 稳定在 6935r/min。

9. 投料

（1）逐渐关小 PIC8241，缓慢将压缩机四段出口压力提升到 14.4MPa，平衡合成系统压力。

（2）打开 CO_2 出口阀 OMP1003。

（3）继续手动关小 PIC8241，缓慢将压缩机四段出口压力提升到 15.4MPa，将 CO_2 引入合成系统。

（4）当 PIC8241 控制稳定在 15.4MPa 左右后，将其设定在 15.4MPa 投自动。

（二）正常停车

1. CO_2 压缩机停车

（1）调节 HIC8205 将转速降至 6500r/min。

（2）调节 HIC8162 将负荷减至 21000Nm^3/h。

（3）继续调节 HIC8162 抽汽与注汽量，直至 HIC8162 全开。

（4）手动缓慢打开 PIC8241，将四段出口压力降到 14.5MPa 以下，CO_2 排出合成系统。

（5）关闭 CO_2 入合成总阀 OMP1003。

（6）继续开大 PIC8241 缓慢降低四段出口压力到 8.0~10.0MPa。

（7）调节 HIC8205 将转速降至 6403r/min。

（8）继续调节 HIC8205 将转速降至 6052r/min。

（9）调节 HIC8101，将四段出口压力降至 4.0MPa。

（10）继续调节 HIC8205 将转速降至 3000r/min。

（11）继续调节 HIC8205 将转速降至 2000r/min。

（12）在辅助控制盘上按 STOP 按钮，停压缩机。

（13）关闭 CO_2 入压缩机控制阀 TMPV104。

（14）关闭 CO_2 入压缩机总阀 OMP1004。

（15）关闭蒸汽抽出至 MS 总阀 OMP1009。

（16）关闭蒸汽至压缩机工段总阀 OMP1005。

(17) 关闭压缩机蒸汽入口阀 OMP1007。

2. 油系统停车

(1) 从辅助控制盘上取消辅油泵自动启动。

(2) 从辅助控制盘上停运主油泵。

(3) 关闭油泵进口阀 OMP1048。

(4) 关闭油泵出口阀 OMP1026。

(5) 关闭油冷器冷却水阀 TMPV181。

(6) 从辅助控制盘上停油温控制。

(三) 事故处理

1. 压缩机振动大

(1) 原因

①机械方面：如轴承磨损、平衡盘密封损坏、找正不良、轴弯曲、连轴节松动等设备本身的原因。

②转速控制方面：机组接近临界转速下运行产生共振。

③工艺控制方面：主要是操作不当造成计算机喘振。

(2) 处理措施　模拟中只有 20s 的处理时间，处理不及时就会发生联锁停车。

①机械方面故障需停车检修。

②产生共振时，需改变操作转速，另外在开停车过程中过临界转速时应尽快通过。

③当压缩机发生喘振时，找出发生喘振的原因，并采取相应的措施：

a. 入口气量过小：打开防喘振阀 HIC8162，开大入口控制阀开度。

b. 出口压力过高：打开防喘振阀 HIC8162，开大四段出口排放调节阀开度。

c. 操作不当，开关阀门动作过大：打开防喘振阀 HIC8162，消除喘振后再精心操作。

(3) 预防措施

①离心式压缩机一般都设有振动检测装置，在生产过程中应经常检查，发现轴振动或位移过大，应分析原因，及时处理。

②喘振预防：应经常注意压缩机气量的变化，严防入口气量过小而引发喘振。在开车时应遵循“升压先升速”的原则，先将防喘振阀打开，当转速升到一定值后，再慢慢关小防喘振阀，将出口压力升到一定值，然后再升速，使升速、升压交替缓慢进行，直到满足工艺要求。停车时应遵循“降压先降速”的原则，先将防喘振阀打开一些，将出口压力降低到某一值，然后再降速，降速、降压交替进行，直到泄完压力再停机。

2. 压缩机辅助油泵自动启动

(1) 原因　辅助油泵自动启动是由于油压低而引起的自保措施，一般情况下是由以下两种原因引起的：①油泵出口过滤器有堵；②油泵回路阀开度过大。

（2）处理措施

①关小油泵回路阀。

②按过滤器清洗步骤清洗油过滤器。

③从辅助控制盘停辅助油泵。

（3）预防措施　油系统正常运行是压缩机正常运行的重要保证，因此，压缩机的油系统也设有各种检测装置，如油温、油压、过滤器压降、油位等，生产过程中要对这些内容经常进行检查，油过滤器要定期更换清洗。

3. 四段出口压力偏低，CO_2 打气量偏少

（1）原因

①压缩机转速偏低。

②防喘振阀未完全关闭。

③压力控制阀 PIC8241 未投自动或未完全关闭。

（2）处理措施

①将转速调到 6935r/min。

②关闭防喘振阀。

③关闭压力控制阀 PIC8241。

（3）预防措施　压缩机四段出口压力和下一工段的系统压力有很大的关系，下一工段系统压力波动也会造成四段出口压力波动，也会影响到压缩机的打气量，所以在生产过程中下一系统合成系统压力应该控制稳定，同时应该经常检查压缩机的吸气流量、转速、排放阀、防喘振阀与段间放空阀的开度，正常工况下这三个阀应该尽量保持关闭状态，以保持压缩机的最高工作效率。

4. 压缩机因喘振发生联锁跳车

（1）原因　操作不当，压缩机发生喘振，处理不及时。

（2）处理措施

①关闭 CO_2 去尿素合成总阀 OMP1003。

②在辅助控制盘上按一下 RESET 按钮。

③按冷态开车步骤中暖管暖机冲转开始重新开车。

（3）预防措施　按振动过大中喘振预防措施预防喘振发生，一旦发生喘振要及时按其处理措施进行处理，及时打开防喘振阀。

5. 压缩机三段冷却器出口温度过低

（1）原因　冷却水控制阀 TIC8111 未投自动，阀门开度过大。

（2）处理措施

①关小冷却水控制阀 TIC8111，将温度控制在 52℃左右；

②控制稳定后将 TIC8111 设定在 52℃投自动。

（3）预防措施　CO_2 在高压下温度过低会析出固体干冰，干冰会损坏压缩机叶轮，从而影响压缩机的正常运行，因此，压缩机运行过程中应该经常检查该点温度，将其控制在正常工艺指标范围之内。

四、思考与讨论

请在表 3-1 中根据设备位号写出设备名称，或者根据设备名称写出设备位号。

表 3-1 CO_2 压缩机设备位号与名称测试

设备位号	设备名称	设备位号	设备名称
FR8103		HIC8162	
LIC8101		PIC8241	
	V-119 液位控制	HS8001	
LIC8170		HIC8205	
	V-121 液位控制		抽出中压蒸汽压力控制
	段间放空阀		

五、项目操作结果评价

完成项目操作后，请填写结果评价表（表 3-2）。

表 3-2 CO_2 压缩机项目操作结果评价表

姓名		学号		班级	
组别		组长		成员	
项目名称					

维度	评价内容	自评	互评	师评	总评
知识	掌握 CO_2 压缩机的设备结构				
	掌握 CO_2 压缩机的设备结构和工作原理				
	掌握 CO_2 压缩机的基本工作流程				
	掌握 CO_2 压缩机工作过程中关键参数的调控				
	掌握 CO_2 压缩机典型故障的现象和解决方案				
能力	能够根据开车操作规程，进行 CO_2 压缩机开车操作				
	能够根据停车操作规程，进行 CO_2 压缩机停车操作				
	能够根据温度等参数的运行，判断参数的波动和程度				
	能够正确处理参数的波动，保持装置稳定运行				
	能够及时正确判断事故类型，并且妥善处理事故				

续表

维度	评价内容	自评	互评	师评	总评
素质	具备诚实守信、爱岗敬业、精益求精的职业素养				
	在工作中具备较强的表达能力和沟通能力				
	具备严格遵守操作规程的意识				
	具备安全用电，正确防火、防爆、防毒意识				
	主动思考技术难点，具备一定的创新能力				
总结反思					

拓展阅读

侯氏制碱法发明人——侯德榜

侯德榜（1890—1974），化工专家，福建闽侯人，中国重化学工业的开拓者，近代化学工业的奠基人。1949 年出席第一届全国政治协商会议。曾任中华人民共和国化工部副部长、中国科协副主席，第一至第三届全国人大代表。

在他的技术指导下，中国在 20 世纪 20 年代建立了亚洲第一大碱厂，生产出“红三角”碱。1932 年将《纯碱制造》公之于世，为中外化工学者共享。1937 年，主持建成具有世界水平的永利化学工业公司南京硫酸铵厂，开创了我国化肥工业的新纪元。1943 年，首先在实验室完成连续生产纯碱和氯化氨的联合制碱工艺。此法被世人称为“侯氏制碱法”，为世界制碱技术开辟了一条新途径，并得到了国际学术界的重视。

在生产生活中，食用级纯碱用于生产味精、面食等。在工业用纯碱中，主要是轻工、建材、化学工业，约占 2/3；其次是冶金、纺织、石油、国防、医药及其他工业。玻璃工业是纯碱的最大消费领域，每吨玻璃消耗纯碱 0. 2t。

在化学工业生产中，纯碱用于制水玻璃、重铬酸钠、硝酸钠、氟化钠、小苏打、硼砂、磷酸三钠等。在冶金工业纯碱用作冶炼助熔剂、选矿用浮选剂，炼钢和炼锑用作脱硫剂；在印染工业纯碱用作软水剂；在制革工业纯碱用于原料皮的脱脂、中和铬鞣革和提高铬鞣液碱度；另外纯碱还用于生产合成洗涤剂添加剂的三聚磷酸钠和其他磷酸钠盐等。由此可见纯碱对于国家工业的发展至关重要。

项目四

电动往复式压缩机单元

学习目标

【知识目标】

（1）掌握电动往复式压缩机的设备结构。

（2）掌握电动往复式压缩机的工作原理。

（3）掌握电动往复式压缩机的基本工作流程。

（4）掌握电动往复式压缩机工作过程中关键参数的调控。

（5）掌握电动往复式压缩机典型故障的现象和解决方案。

【能力目标】

（1）能够根据开车操作规程，进行电动往复式压缩机开车操作。

（2）能够根据停车操作规程，进行电动往复式压缩机停车操作。

（3）能够根据温度等参数的运行，判断参数的波动和程度。

（4）能够正确处理参数的波动，保持装置稳定运行。

（5）能够及时正确判断事故类型，并且妥善处理事故。

【素质目标】

（1）具备诚实守信、爱岗敬业、精益求精的职业素养。

（2）在工作中具备较强的表达能力和沟通能力。

（3）具备严格遵守操作规程的意识。

（4）具备安全用电，正确防火、防爆、防毒意识。

（5）主动思考技术难点，具备一定的创新能力。

项目导言

往复式压缩机是一种结构简单、维护方便、可靠性高、使用寿命长、可以满足各种高压气体压缩需求的压缩机（图 4-1）。往复式压缩机广泛用于各种工业领域，在化工领域里，常用于气体输送、气体增压等方面；在石油和天然气领域，其用于天然气输送、油气开采等方面；在空调和制冷领域，其用于制冷剂压缩及输送等方面。本单元选用空气二级往复式压缩机作为仿真对象，学习本单元将会详细了解其工作流程及常见故障处理方法。

图 4-1　电动往复式压缩机

项目任务

一、工艺流程简介

压缩机是指输送较高压力的气体机械，压缩机分为往复式和离心式两大类。本流程中的压缩机为 VW18.5/8 型往复式压缩机。单台额定打气量 1100m^3/h，压力 0.8MPa，正常工作时电压 380V，电流 149A。工作原理为：电动机带动曲轴旋转。当曲轴旋转时，通过连杆的传动，活塞便做往复运动，由气缸内壁、气缸盖和活塞顶面所构成的工作容积则会发生周期性变化。活塞从气缸盖处开始运动时，气缸内的工作容积逐渐增大，这时，气体即沿着进气管，推开进气阀而进入气缸，直到工作容积变到最大时为止，进气阀关闭；活塞反向运动时，气缸内工作容积缩小，气体压力升高，当气缸内压力达到并略高于排气压力时，排气阀打开，气体排出气缸，直到活塞运动到极限位置为止，排气阀关闭。当活塞再次反向运动时，上述过程重复出现。总之，曲轴旋转一周，活塞往复一次，气缸内相继实现进气、压缩、排气的过程，即完成一个工作循环。

本仿真培训系统以空气二级往复压缩的工艺作为仿真对象，其工艺流程（参考流程仿真界面）如图 4-2 所示。

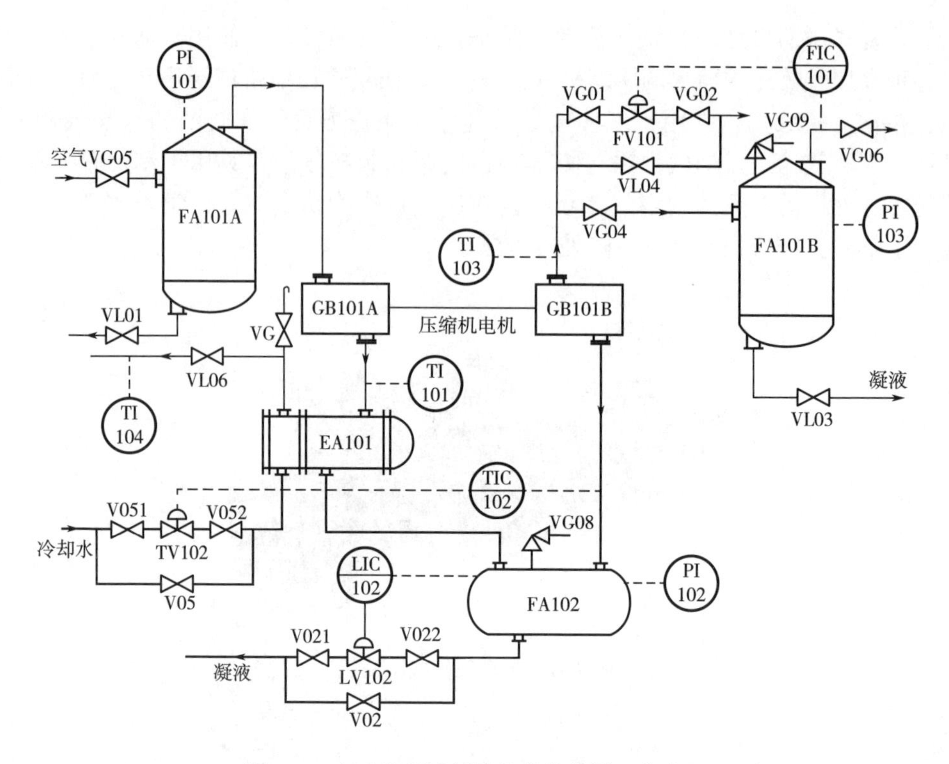

图 4-2　电动往复式压缩机技能培训工艺流程

仿真范围内主要设备为阀、压缩机、缓冲罐和冷却器等。

压力为 120kPa、温度为 25℃左右的空气经 VG01、FV101、VG02 阀后，进入缓冲罐 FA101A，罐内压力为 1atm。空气从缓冲罐 FA101A 出来，进入一级压缩机 GB101A 进行压缩，正常工况下压缩后温度为 145℃。压缩后高温高湿的空气经冷却器 EA101 冷却后进入分离罐 FA102（分离罐的作用是降低流速，使部分水、杂质等沉降，并经罐底阀排出，消除或减缓供气系统内气流的脉冲，使后置设备更好地发挥功效）。分离罐 FA102 底部经过阀 LV102 排放由于压缩冷凝空气产生的液体杂质，顶部排出压缩冷凝后的空气至二级压缩机 GB101B。分离罐出口空气温度控制在 55℃，压力控制在 4. 5atm。二级压缩机 GB101B 出口排出经过阀 VG04 进入稳压罐 FA101B 后压力为 7. 7atm、温度为 165℃的空气，经过手动控制阀 VG06 作为产品排出。稳压罐 FA101B 底部定期排放空气中的液相杂质。二级压缩机出口的旁路阀 VG05 在冷态开车启动往复式压缩机时打开，待压缩机工作稳定后关闭。

二、 DCS 图、现场图

电动往复式压缩机仿真单元 DCS 与现场图如图 4-3 与图 4-4 所示。

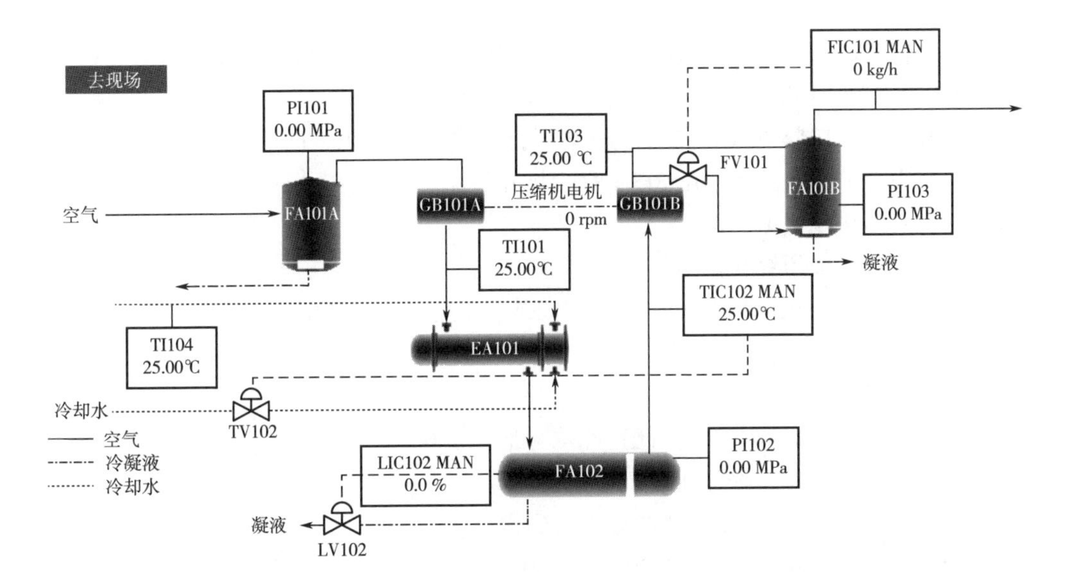

图 4-3 电动往复式压缩机仿真单元 DCS 图

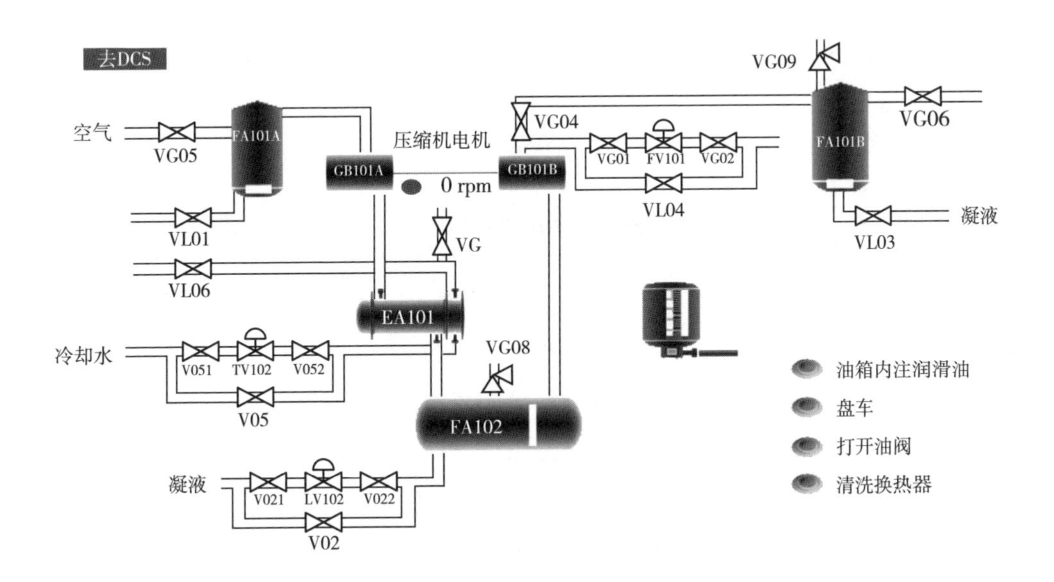

图 4-4 电动往复式压缩机仿真单元现场图

三、操作步骤

1. 冷态开车

开车准备有如下几项：

(1) 打开冷却水入口阀 V051、V052 至全开，打开出口阀 VL106，打开 TV102 使得 EA101 冷却水投入使用。

(2) 打开入口阀 VG01、VG02 至全开，逐步打开 FV101 向系统充入空气。

(3) 当 PI101 显示为 101. 3kPa 时，打开稳压罐 FA101A 出口阀 VG03。

(4) 启动压缩机 GB101A。

(5) 打开二级压缩机出口阀 VG04。

(6) 待缓冲罐 FA101B 压力显示为 800kPa 时，打开 VG06 出口阀。

(7) 定期打开排液阀 V02。

2. 正常停车

(1) 打开旁路阀 VG05，关闭产品出口阀 VG06。

(2) 按停车按钮，降低压缩机电机转速为 0。

(3) 打开阀 VL03，降低缓冲罐压力到常压。

(4) 关闭进口阀 FV101、VG01 和 VG02。

(5) 待 LIC102 显示为 0 后，关闭液相出口阀 V02。

(6) 待 TIC102 显示温度为常温时，关闭冷却水入口阀 V05。

(7) PI103 显示常压后，关闭阀 VL03 和 VG05。

(8) 关闭冷却水出口阀 VL06。

3. 事故处理

电动往复式压缩机事故现象及处理方案如表 4-1 所示。

表 4-1　　电动往复式压缩机事故现象及处理方案表

事故名称	事故现象	处理方案
入口阀堵	出口流量减少	停压缩机、关闭出口阀
出口阀堵	罐压力急剧升高	停压缩机、关闭入口阀
停电	管道进出口流量减少	关闭管路进、出口阀门
换热器结垢	换热器出口温度升高	增加冷却水入口阀开度

四、思考与讨论

请在表 4-2 中根据设备位号写出设备名称，或者根据设备名称写出设备位号。

表 4-2　　电动往复式压缩机设备位号与名称测试

设备位号	设备名称	设备位号	设备名称
GB101A		VG06	
GB101B		VG07	
FA101A			手动控制阀
	缓冲罐		手动控制阀
FA102		VL01	
EA101		V02	
VG01			闸阀
VG02		VL04	
VG03			流量控制阀
VG04		VL06	闸阀
VG05			流量控制阀

五、项目操作结果评价

完成项目操作后，请填写结果评价表（表 4-3）。

表 4-3　　电动往复式压缩机项目操作结果评价表

<table>
<tr><td colspan="2">姓名</td><td></td><td>学号</td><td></td><td colspan="2">班级</td><td colspan="2"></td></tr>
<tr><td colspan="2">组别</td><td></td><td>组长</td><td></td><td colspan="2">成员</td><td colspan="2"></td></tr>
<tr><td colspan="2">项目名称</td><td colspan="7"></td></tr>
<tr><td>维度</td><td colspan="4">评价内容</td><td>自评</td><td>互评</td><td>师评</td><td>总评</td></tr>
<tr><td rowspan="5">知识</td><td colspan="4">掌握电动往复式压缩机的设备结构</td><td></td><td></td><td></td><td></td></tr>
<tr><td colspan="4">掌握电动往复式压缩机的工作原理</td><td></td><td></td><td></td><td></td></tr>
<tr><td colspan="4">掌握电动往复式压缩机的基本工作流程</td><td></td><td></td><td></td><td></td></tr>
<tr><td colspan="4">掌握电动往复式压缩机工作过程中关键参数的调控</td><td></td><td></td><td></td><td></td></tr>
<tr><td colspan="4">掌握电动往复式压缩机典型故障的现象和解决方案</td><td></td><td></td><td></td><td></td></tr>
<tr><td rowspan="5">能力</td><td colspan="4">能够根据开车操作规程，进行电动往复式压缩机开车操作</td><td></td><td></td><td></td><td></td></tr>
<tr><td colspan="4">能够根据停车操作规程，进行电动往复式压缩机停车操作</td><td></td><td></td><td></td><td></td></tr>
<tr><td colspan="4">能够根据温度等参数的运行，判断参数的波动和程度</td><td></td><td></td><td></td><td></td></tr>
<tr><td colspan="4">能够正确处理参数的波动，保持装置稳定运行</td><td></td><td></td><td></td><td></td></tr>
<tr><td colspan="4">能够及时正确判断事故类型，并且妥善处理事故</td><td></td><td></td><td></td><td></td></tr>
</table>

续表

维度	评价内容	自评	互评	师评	总评
素质	具备诚实守信、爱岗敬业、精益求精的职业素养				
	在工作中具备较强的表达能力和沟通能力				
	具备严格遵守操作规程的意识				
	具备安全用电，正确防火、防爆、防毒意识				
	主动思考技术难点，具备一定的创新能力				
总结反思					

拓展阅读

氯碱工业奠基人——吴蕴初

吴蕴初（1891—1953），上海嘉定人，中国近代化工专家，著名的化工实业家，中国氯碱工业的创始人。他在中国创办了第一个味精厂、氯碱厂、耐酸陶器厂和生产合成氨与硝酸的工厂。他大力支持学会活动，资助清寒优秀学生上大学，将其培养成高级科技人才。他为中国化学工业的兴起和发展做出了卓越的贡献。

20世纪20年代初，十里洋场上海滩，外货倾销，到处是日商“味の素”的巨幅广告。吴蕴初发出了为何我们中国不能制造的感叹，便买了一瓶回去仔细分析研究，发现“味の素”就是谷氨酸钠，1866年德国人曾从植物蛋白质中提炼过。吴蕴初就在自家小亭子间里着手试制。经过一年多的试验，终于制成了几十克成品，并找到了廉价的、批量生产的方法，吴蕴初将这种产品取名“味精”。为了宣传其珍奇美味来自天上庖厨，再冠以“天厨”二字，他打出“天厨味精，完全国货”的大旗，味美、价廉、国货，大得人心，销路一下就打开了。在中国驻英、法、美三国使馆协助下，先后取得这些国家政府给予的产品出口专利保护权，开中国轻化产品获得国际专利之先声，吴蕴初由此成为闻名遐迩的“味精大王”。

天厨是以国货起家发展壮大的，然而制造味精的化工原料盐酸却多年依赖日本进口。对此，吴蕴初深以为疚。再加时局影响，盐酸供应时断时续，促使他燃起自己生产盐酸的念头。但办盐酸厂要比办味精厂困难得多，特别是电力和原料盐的供应难以保证。然而吴蕴初决心既定，排除一切干扰，又有从电解生产氯酸钾的经验，终于在1929年10月成立了天原电化厂股份有限公司，经过一年的艰苦努力，于1930年11月10日隆重举行开工典礼。至1937年，天原厂烧碱日产量已达10吨，成为我国实力雄厚的少数厂家之一。

项目五

真空系统单元

学习目标

【知识目标】

(1) 掌握真空系统的设备结构。
(2) 掌握真空系统的工作原理。
(3) 掌握真空系统的基本工作流程。
(4) 掌握真空系统工作过程中关键参数的调控。
(5) 掌握真空系统典型故障的现象和解决方案。

【能力目标】

(1) 能够根据开车操作规程，进行真空系统开车操作。
(2) 能够根据停车操作规程，进行真空系统停车操作。
(3) 能够根据温度等参数的运行，判断参数的波动和程度。
(4) 能够正确处理参数的波动，保持装置稳定运行。
(5) 能够及时正确判断事故类型，并且妥善处理事故。

【素质目标】

(1) 具备诚实守信、爱岗敬业、精益求精的职业素养。
(2) 在工作中具备较强的表达能力和沟通能力。
(3) 具备严格遵守操作规程的意识。
(4) 具备安全用电，正确防火、防爆、防毒意识。
(5) 主动思考技术难点，具备一定的创新能力。

项目导言

一、液环真空泵简介及工作原理

水环真空泵（简称水环泵）是一种粗真空泵，它所能获得的极限真空为2000~4000Pa，串联大气喷射器可达270~670Pa。水环泵也可用作压缩机，称为水环式压缩机，是属于低压的压缩机，其压力范围为（1~2）$\times10^5$Pa表压力。

水环泵最初用作自吸水泵，而后逐渐用于石油、化工、机械、矿山、轻工、医药及食品等许多工业部门。在工业生产的工艺过程中，如真空过滤、真空引水、真空送料、真空蒸发、真空浓缩、真空回潮和真空脱气等，水环泵被广泛应用。真空应用技术的飞跃发展，使得水环泵在粗真空获得方面一直被人们所重视。由于水环泵中气体压缩是等温的，故可抽除易燃、易爆的气体，此外还可抽除含尘、含水的气体。因此，水环泵的应用日益增多。

泵体中装有适量的水作为工作液。当叶轮按顺时针方向旋转时，水被叶轮抛向四周，由于离心力的作用，水形成了一个受泵腔形状影响且近似于等厚度的封闭圆环。水环的下部内表面恰好与叶轮轮毂相切，水环的上部内表面刚好与叶片顶端接触（实际上叶片在水环内有一定的插入深度）。此时叶轮轮毂与水环之间形成一个月牙形空间，而这一空间又被叶轮分成和叶片数目相等的若干个小腔。如果以叶轮的下部0°为起点，那么叶轮在旋转前180°时小腔的容积由小变大，且与端面上的吸气口相通，此时气体被吸入，当吸气结束时，小腔则与吸气口隔绝；当叶轮继续旋转时，小腔由大变小，使气体被压缩；当小腔与排气口相通时，气体便被排出泵外。

水环泵是靠泵腔容积的变化实现吸气、压缩和排气，因此它属于变容式真空泵。

二、蒸汽喷射泵简介及工作原理

水蒸气喷射泵是依靠从拉瓦尔喷嘴中喷出的高速水蒸气流来携带气体的，故有如下特点：①该泵无机械运动部分，不受摩擦、润滑、振动等条件限制，因此可制成具有较大抽气能力的泵。工作可靠，使用寿命长。只要泵的结构材料选择适当，对于需要排除腐蚀性气体、含有机械杂质的气体以及水蒸气等场合极为有利。②结构简单、重量轻、占地面积小。③工作蒸汽压力为（4~9）$\times10^5$Pa，在一般的冶金、化工、医药等企业中都具备这样的水蒸气源。

因水蒸气喷射泵具有上述特点，所以广泛用于冶金、化工、医药、石油以及食品等工业部门。

喷射泵是由工作喷嘴和扩压器及混合室相联而组成。工作喷嘴和扩压器这两个部件组成了一条断面变化的特殊气流管道。气流通过喷嘴可将压力能转变为动能。工

作蒸汽压强 p_0 和泵的出口压强 p_4 之间的压力差，使工作蒸汽在管道中流动。

在这个特殊的管道中，蒸汽在经过喷嘴的出口到扩压器入口之间的这个区域（混合室）时，由于蒸汽流处于高速状态而出现一个负压区。此处的负压要比工作蒸汽压强 p_0 和泵的出口压强 p_4 低得多。此时，被抽气体吸进混合室，工作蒸汽和被抽气体相互混合并进行能量交换，把工作蒸汽由压力能转变来的动能传给被抽气体，混合气流在扩压器扩张段某断面产生正激波，波后的混合气流速度降为亚音速，混合气流的压力上升。亚音速的气流在扩压器的渐扩段流动时是降速增压的。混合气流在扩压器出口处，压力增加，速度下降，故喷射泵也是一台气体压缩机。

项目任务

一、工艺流程简介

该工艺主要完成三个塔体系统真空抽取，其工艺流程图如图 5-1 所示。液

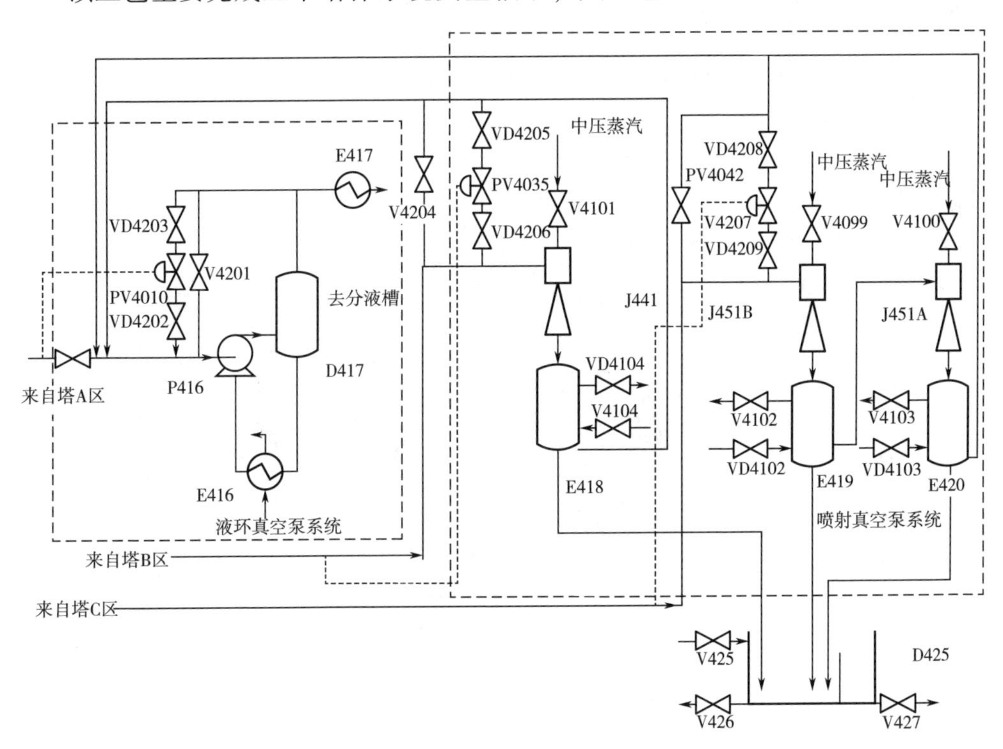

图 5-1　真空系统技能培训工艺流程图

环真空泵P416系统负责塔A系统真空抽取，正常工作压力为26.6kPa，并作为J451、J441喷射泵的二级泵。J451是一个串联的二级喷射系统，负责塔C系统真空抽取，正常工作压力为1.33kPa。J441为单级喷射泵系统，负责塔B系统真空抽取，正常工作压力为2.33kPa。被抽气体主要成分为可冷凝气相物质和水。由D417气水分离后的液相供给P416灌泵，提供所需液环液相补给；气相进入换热器E417，冷凝出的液体回流至D417，未冷凝的气相经E417出口进入焚烧单元。生产过程中，主要通过调节各泵进口回流量或泵前被抽工艺气体的流量来调节系统压力。

J441和J451A/B两套喷射真空泵分别负责抽取塔B区和C区，中压蒸汽喷射形成负压，抽取工艺气体。蒸汽和工艺气体混合后，进入E418、E419、E420等冷凝器。在冷凝器内大量蒸汽和带水工艺气体被冷凝后，流入D425封液罐。未被冷凝的气体一部分作为液环真空泵P416的入口回流，一部分作为自身入口回流，以便压力控制调节。

D425主要作用是为喷射真空泵系统提供封液。防止喷射泵喷射背压过大而无法抽取真空。开车前应该为D425灌液，当液位超过大气腿最下端时，方可启动喷射泵系统。

二、 DCS图、现场图

真空系统仿真单元DCS与现场图如图5-2至图5-7所示。

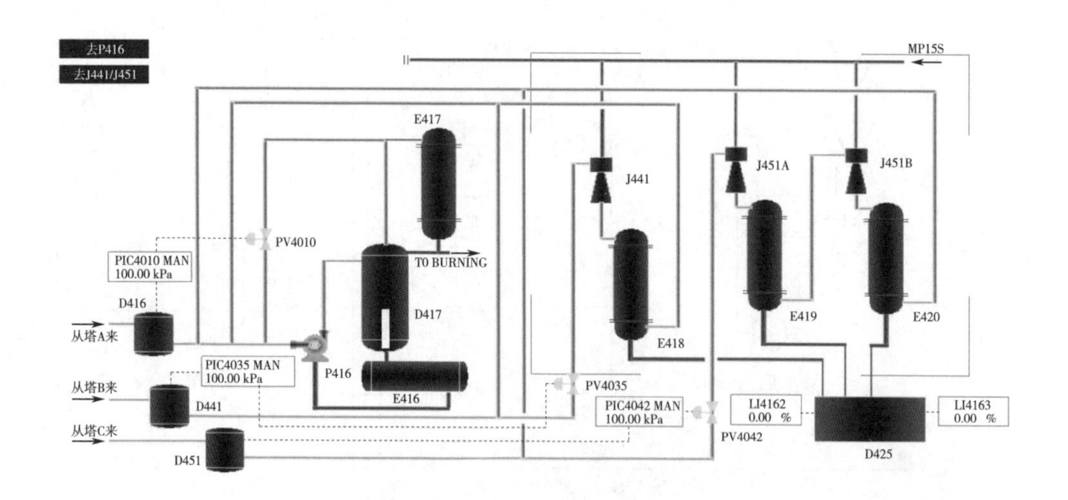

图5-2 真空系统DCS总览图

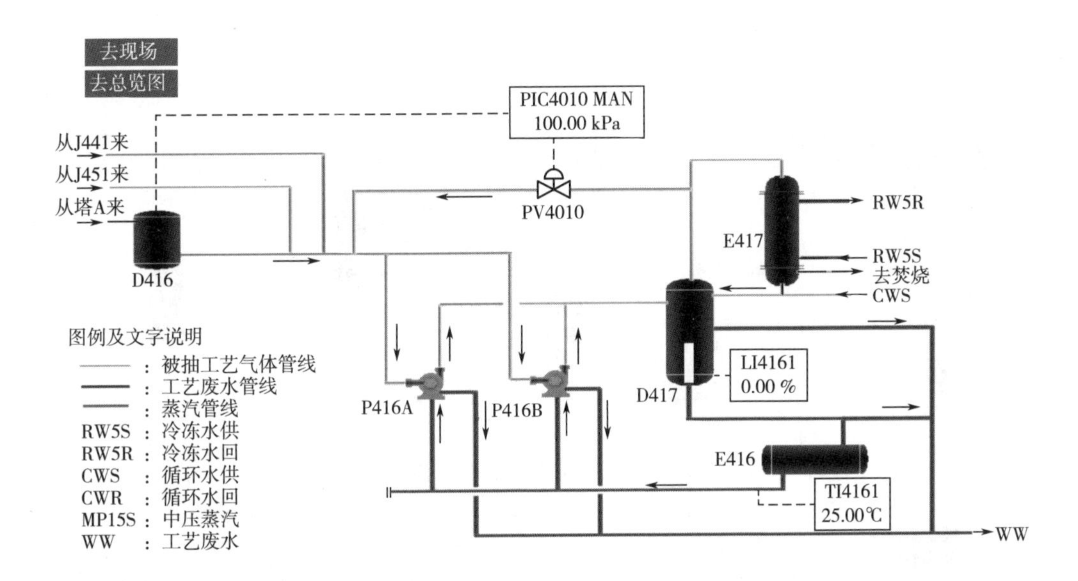

图 5-3　P416 真空系统 DCS 图

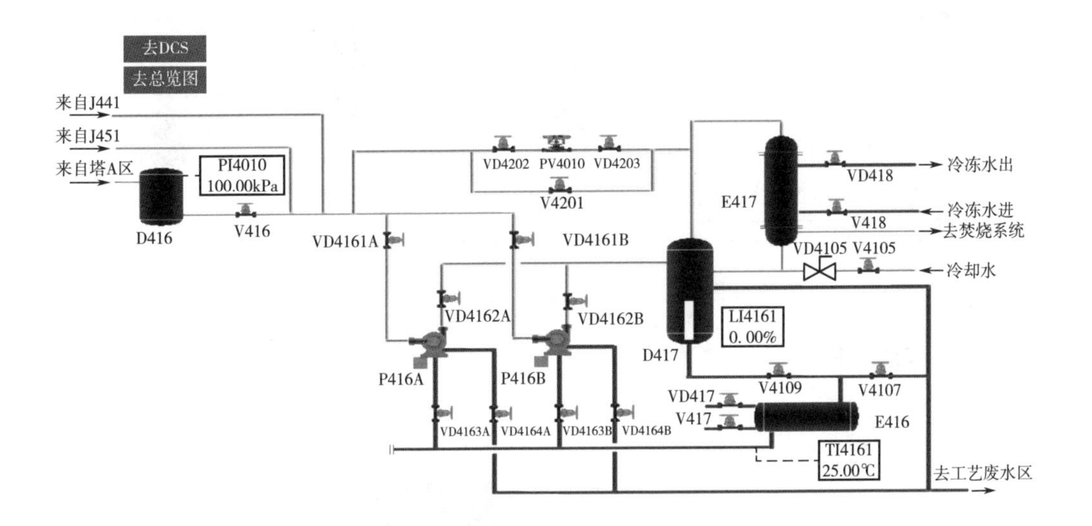

图 5-4　P416 真空系统现场图

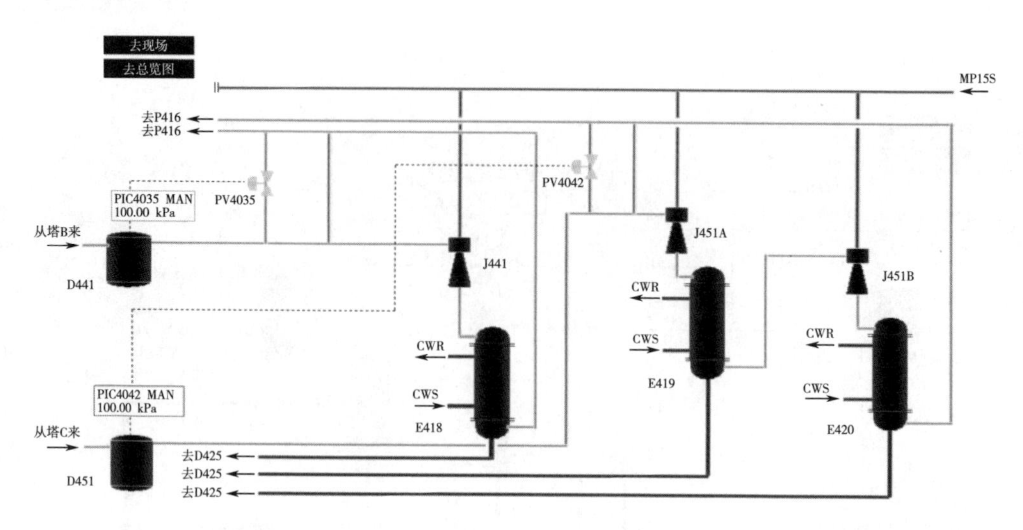

图 5-5　J441/J451 真空系统 DCS 图

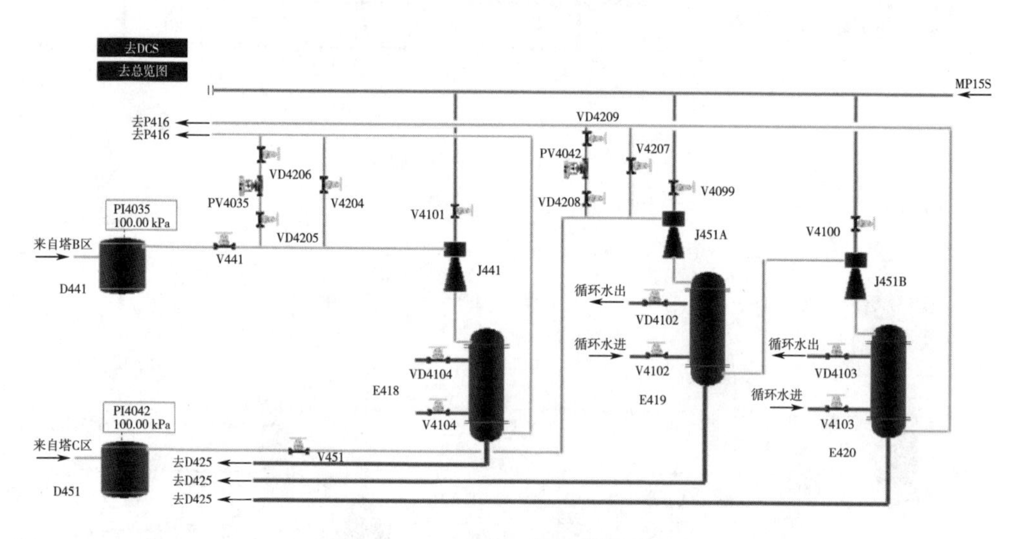

图 5-6　J441/J451 真空系统现场图

去总览图

J441　J451A　J451B

CWS
V425
LI4162
0.00 %
LI4163
0.00 %
去工艺废水
V426
V427
去排液泵
D425

图 5-7　封液罐 D425 现场图

三、操作步骤

(一) 冷态开车

1. 液环真空和喷射真空泵灌水

(1) 开阀 V4105 为 D417 灌水。

(2) 待 D417 有一定液位后，开阀 V4109。

(3) 开启灌水水温冷却器 E416，开阀 VD417。

(4) 开阀 V417，开度为 50%。

(5) 开阀 VD4163A，为液环泵 P416A 灌水。

(6) 在 D425 中，开阀 V425 为 D425 灌水，液位达到 10%以上。

2. 开液环泵

(1) 开进料阀 V416。

(2) 开泵前阀 VD4161A。

(3) 开泵 P416A。

(4) 开泵后阀 VD4162A。

(5) 开 E417 冷凝系统，开阀 VD418。

(6) 开阀 V418，开度为 50%。

(7) 开回流四组阀，打开 VD4202。

(8) 打开 VD4203。

(9) PIC4010 投自动，设置 SP 值为 26.6kPa。

(10) 控制调节压力 PI4010 在 26.6kPa。

3. 开喷射泵

(1) 开进料阀 V441，开度为 100%。

(2) 开进口阀 V451，开度为 100%。

(3) 在 J441/J451 现场中，开喷射泵冷凝系统，开 VD4104。

(4) 开阀 V4104，开度为 50%。

(5) 开阀 VD4102。

(6) 开阀 V4102，开度为 50%。

(7) 开阀 VD4103。

(8) 开阀 V4103，开度为 50%。

(9) 开回流四组阀，开阀 VD4208。

(10) 开阀 VD4209。

(11) 投 PIC4042 为自动，输入 SP 值为 1.33。

(12) 开阀 VD4205。

(13) 开阀 VD4206。

（14）投 PIC4035 为自动，输入 SP 值为 3.33。
（15）开启中压蒸汽，开始抽真空。开阀 V4101，开度为 50%。
（16）开阀 V4099，开度为 50%。
（17）开阀 V4100，开度为 50%。

4. 检查 D425 左右室液位

开阀 V427，防止右室液位过高。

（二）正常停车

1. 停喷射泵系统

（1）在 D425 中开阀 V425，为封液罐灌水。
（2）关闭进料口阀门，关闭阀门 V441。
（3）关闭阀门 V451。
（4）关闭中压蒸汽，关阀 V4101。
（5）关闭阀门 V4099。
（6）关闭阀门 V4100。
（7）投 PIC4035 为手动，输入 OP 值为 0。
（8）投 PIC4042 为手动，输入 OP 值为 0。
（9）关阀 VD4205。
（10）关阀 VD4206。
（11）关阀 VD4208。
（12）关阀 VD4209。

2. 停液环真空系统

（1）关闭进料阀门 V416。
（2）关闭 D417 进水阀 V4105。
（3）停泵 P416A。
（4）关闭灌水阀 VD4163A。
（5）关闭冷却系统冷媒，关阀 VD417。
（6）关阀 V417。
（7）关阀 VD418。
（8）关阀 V418。
（9）关闭回流控制阀组：投 PIC4010 为手动，输入 OP 值为 0。
（10）关阀 VD4202。
（11）关阀 VD4203。

3. 排液

（1）开阀 V4107，排放 D417 内液体。
（2）开阀 VD4164A，排放液环泵 P416A 内液体。

（三）事故处理

真空系统事故现象及处理方案如表 5-1 所示。

表 5-1 真空系统事故现象及处理方案表

事故名称	事故现象	处理方案
喷射泵大气腿未正常工作	PI4035 及 PI4042 压力逐渐上升	关闭阀门 V426，升高 D425 左室液位，重新恢复大气腿高度
液环泵灌水阀未开	PI4010 压力逐渐上升	开启阀门 VD4163，对 P416 进行灌液
液环抽气能力下降	PI4010 压力上升，达到新的压力稳定点	检查换热器 E416 出口温度是否高于正常工作温度 8.17℃。如果是，加大循环水阀门开度，调节出口温度至正常
J441 蒸汽阀漏	PI4035 压力逐渐上升	PI4035 压力逐渐上升
PV4010 阀卡	PI4010 压力逐渐下降，调节 PV4010 无效	减小阀门 V416 开度，降低被抽气量。控制塔 A 区压力

四、思考与讨论

请在表 5-2 中根据设备位号写出设备名称，或者根据设备名称写出设备位号。

表 5-2 真空系统设备位号与名称测试

设备位号	设备名称	设备位号	设备名称
D416		E419	
	压力缓冲罐	E420	
	压力缓冲罐	P416	
D417			蒸汽喷射泵
E416			蒸汽喷射泵
E417			蒸汽喷射泵
E418			

五、项目操作结果评价

完成项目操作后，请填写结果评价表（表 5-3）。

表 5-3　　真空系统项目操作结果评价表

姓名		学号		班级	
组别		组长		成员	
项目名称					

维度	评价内容	自评	互评	师评	总评
知识	掌握真空系统的设备结构				
	掌握真空系统的工作原理				
	掌握真空系统的基本工作流程				
	掌握真空系统工作过程中关键参数的调控				
	掌握真空系统典型故障的现象和解决方案				
能力	能够根据开车操作规程，进行真空系统开车操作				
	能够根据停车操作规程，进行真空系统停车操作				
	能够根据温度等参数的运行，判断参数的波动和程度				
	能够正确处理参数的波动，保持装置稳定运行				
	能够及时正确判断事故类型，并且妥善处理事故				
素质	具备诚实守信、爱岗敬业、精益求精的职业素养				
	在工作中具备较强的表达能力和沟通能力				
	具备严格遵守操作规程的意识				
	具备安全用电，正确防火、防爆、防毒意识				
	主动思考技术难点，具备一定的创新能力				
总结反思					

拓展阅读

中国炼油催化应用科学的奠基者、绿色化学的开拓者——闵恩泽

闵恩泽（1924—2016），四川成都人，石油化工催化剂专家，中国科学院院士、中国工程院院士、第三世界科学院院士、英国皇家化学会会士，2007 年度国家最高科学技术奖获得者，感动中国 2007 年度人物之一，中国炼油催化应用科学的奠基者，石油化工技术自主创新的先行者，绿色化学的开拓者，被誉为“中国催化剂之父”。

1951年起，闵恩泽进入美国芝加哥纳尔科化学公司工作，担任高级工程师，负责研发燃煤锅炉中的结垢和腐蚀、氨水灌溉农田管道防堵和柴油安定性等课题，并一干就是四年。在纳尔科的四年，他积累了在企业搞科研的宝贵经验，也逐渐在美国站稳脚跟，但他始终认为自己的根在中国，他要回来报效祖国。

1955年，闵恩泽夫妇在朋友的帮助下，历尽波折，终于回到了中国，进入石油工业部北京石油炼制研究所工作，从此开始了发展中国炼油工业和研制催化剂的人生历程。

20世纪60年代闵恩泽主持开发了制造磷酸硅藻土叠合催化剂的混捏-浸渍新流程并通过中型试验，提出了铂重整催化剂的设计基础。同时，他还成功研制航空汽油生产急需的小球硅铝催化剂，主持开发成功微球硅铝裂化催化剂。20世纪80年代他开展了非晶态合金等新催化材料和磁稳定床等新反应工程的导向性基础研究。1995年，闵恩泽进入绿色化学的研究领域，策划指导开发成功化纤单体己内酰胺生产的成套绿色技术和生物柴油制造新技术。

项目六

罐区系统单元

学习目标

【知识目标】

（1）掌握罐区系统的设备结构。

（2）掌握罐区系统的工作原理。

（3）掌握罐区系统的基本工作流程。

（4）掌握罐区系统工作过程中关键参数的调控。

（5）掌握罐区系统典型故障的现象和解决方案。

【能力目标】

（1）能够根据开车操作规程，进行罐区系统开车操作。

（2）能够根据停车操作规程，进行罐区系统停车操作。

（3）能够根据温度等参数的运行，判断参数的波动和程度。

（4）能够正确处理参数的波动，保持装置稳定运行。

（5）能够及时正确判断事故类型，并且妥善处理事故。

【素质目标】

（1）具备诚实守信、爱岗敬业、精益求精的职业素养。

（2）在工作中具备较强的表达能力和沟通能力。

（3）具备严格遵守操作规程的意识。

（4）具备安全用电，正确防火、防爆、防毒意识。

（5）主动思考技术难点，具备一定的创新能力。

项目导言

罐区（图 6-1）是化工原料、中间产品及成品的集散地，是大型化工企业的重要组成部分，也是化工安全生产的关键环节之一。大型石油化工企业罐区储存的化学品之多，是任何生产装置都无法比拟的。罐区的安全操作关系到整个工厂的正常生产，因此，罐区的设计、生产操作及管理都特别重要。

图 6-1　罐区系统

罐区的工作原理如下：产品从上一生产单元中被送到产品罐，经过换热器冷却后用离心泵打入产品罐中，进行进一步冷却，再用离心泵打入包装设备。

项目任务

一、工艺流程简介

本工艺为单独培训罐区操作而设计，其工艺流程（参考流程仿真界面）如图 6-2 所示。

来自上一生产设备的约 35℃的带压液体，经过阀门 MV101 进入产品罐 T101，由温度传感器 TI101 显示 T101 罐底温度，压力传感器 PI101 显示 T101 罐内压力，液位传感器 LI101 显示 T101 的液位。由离心泵 P101 将产品罐 T101 的产品打出，控制阀 FIC101 控制回流量。回流的物流通过换热器 E01，被冷却水逐渐冷却到 33℃左右。温度传感器 TI102 显示被冷却后产品的温度，温度传感器 TI103 显示冷

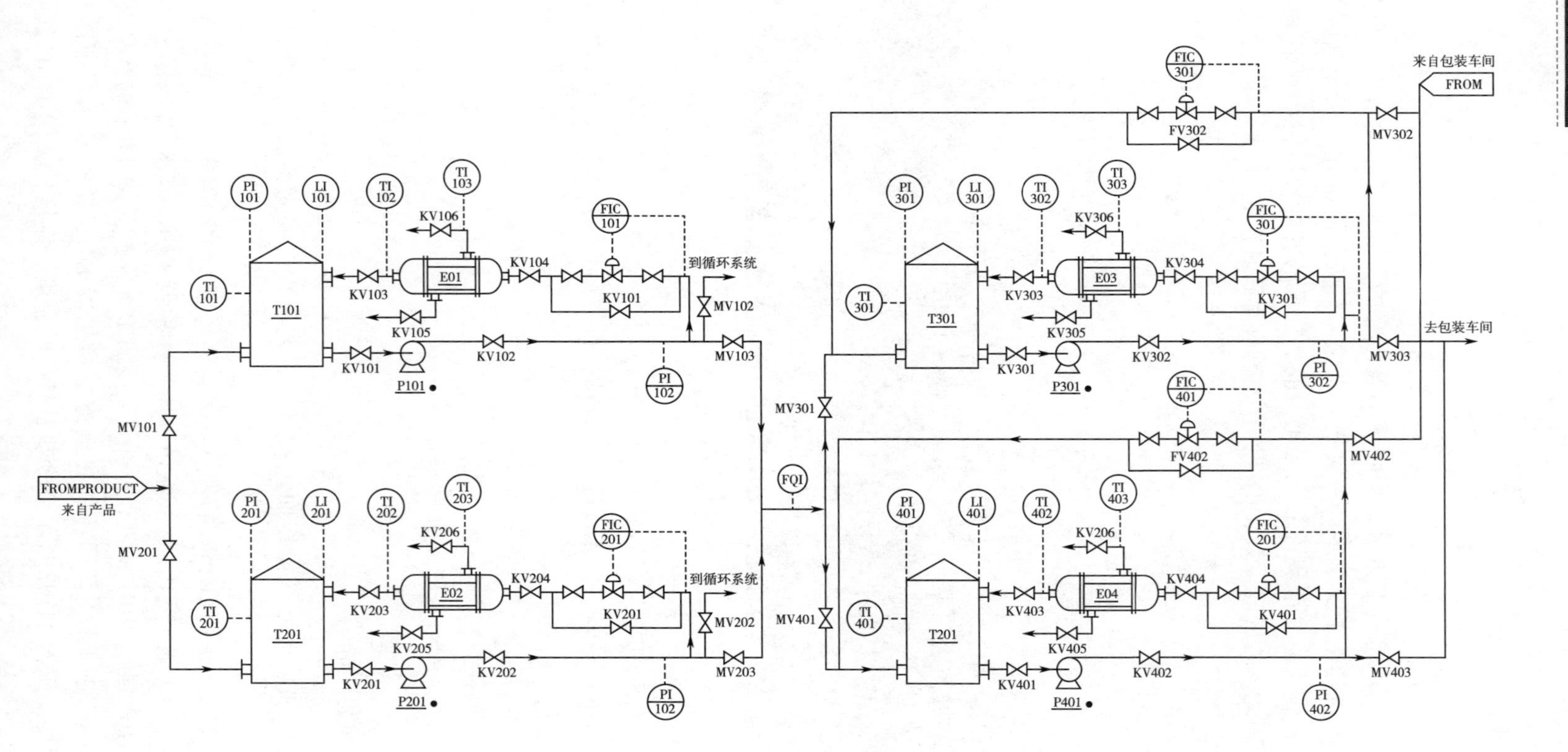

图 6-2　罐区系统技能培训工艺流程图

却水冷却后温度。由泵打出的少部分产品由阀门 MV102 打回生产系统。当产品罐 T101 液位达到 80%后，阀门 MV101 和阀门 MV102 自动关断。

产品罐 T101 打出的产品经过 T101 的出口阀 MV103 和 T301 的进口阀进入产品罐 T301，由温度传感器 TI103 显示 T301 罐底温度，压力传感器 PI103 显示 T301 罐内压力，液位传感器 LI103 显示 T301 的液位。由离心泵 P301 将产品罐 T301 的产品打出，控制阀 FIC103 控制回流量。回流的物流通过换热器 E03，被冷却水逐渐冷却到 30℃左右。温度传感器 TI302 显示被冷却后产品的温度，温度传感器 TI303 显示冷却水冷却后温度。少部分回流物料不经换热器 E03 直接打回产品罐 T301；从包装设备来的产品经过阀门 MV302 打回产品罐 T301，控制阀 FIC302 控制这两股物流混合后的流量。产品经过 T301 的出口阀 MV303 到包装设备进行包装。

当产品罐 T101 的设备发生故障，马上启用备用产品罐 T201 及其备用设备，其工艺流程同 T101。当产品罐 T301 的设备发生故障，马上启用备用产品罐 T401 及其备用设备，其工艺流程同 T301。

二、 DCS 图、现场图

罐区系统仿真单元 DCS、现场与连锁系统图见图 6-3 至图 6-8 所示。

三、操作步骤

（一）冷态开车

1. 向产品日储罐 T01 进料

缓慢打开 T01 的进料阀 MV101。

2. 投用冷却器 E01

（1）打开换热器 E01 冷物流进口阀 KV105。

（2）打开换热器 E01 冷物流出口阀 KV106。

3. 建立 T01 的回流

（1）T01 液位大于 5%时，打开泵 P01 进口阀 KV101。

（2）启动泵 P01。

（3）打开泵 P01 出口阀 KV102。

（4）打开换热器 E01 热物流进口阀 KV104。

（5）打开换热器 E01 热物流出口阀 KV103。

（6）缓慢打开 T01 回流控制阀 FIC101。

（7）缓慢打开 T01 出口阀 MV102。

（8）控制 T01 的液位在 50%。

（9）T01 罐内温度保持在 32~34℃。

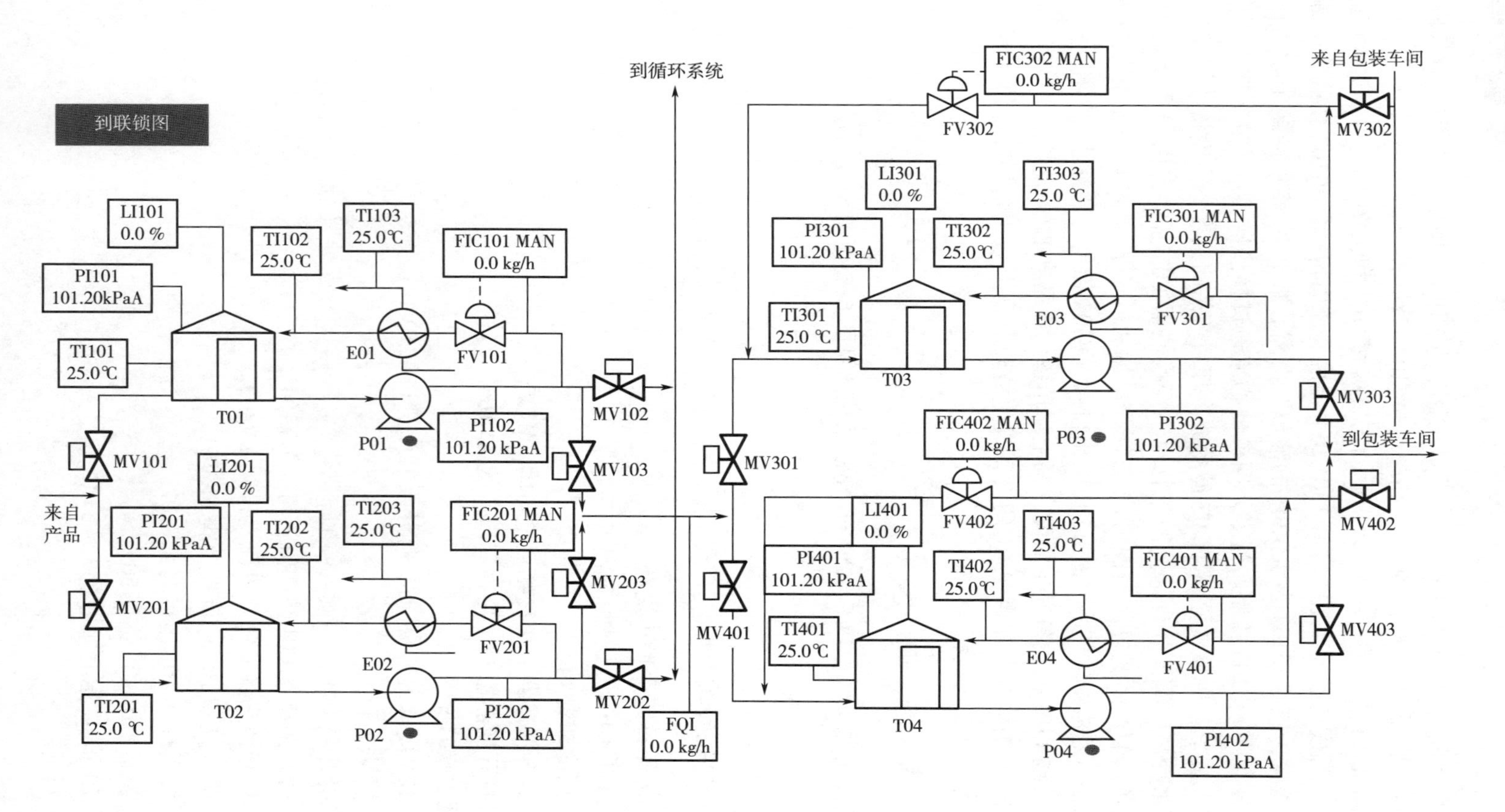

图 6-3 罐区系统仿真单元DCS图

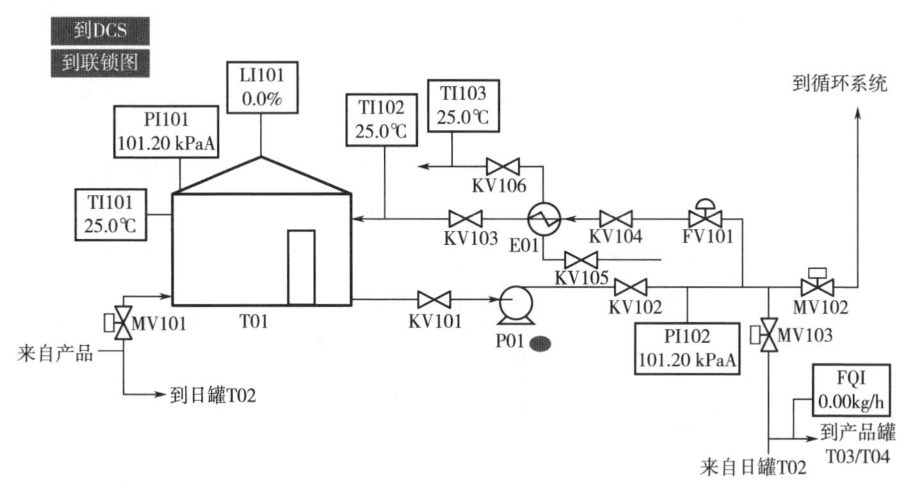

图 6-4　罐区系统仿真单元现场图（T01）

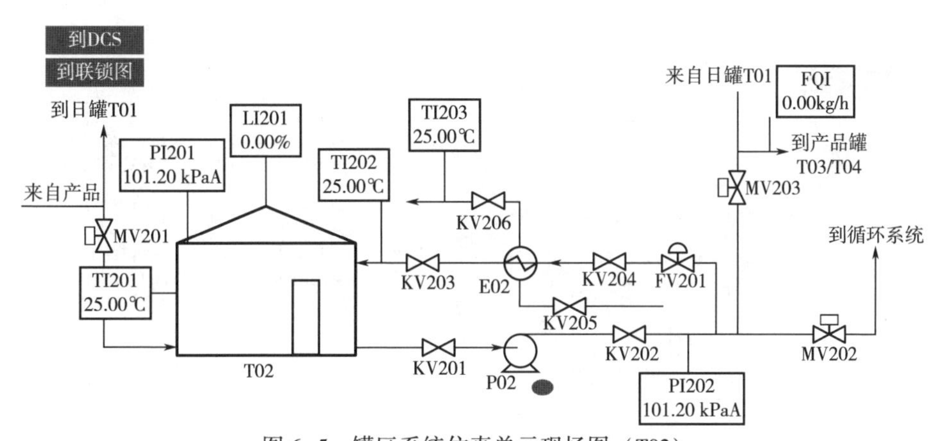

图 6-5　罐区系统仿真单元现场图（T02）

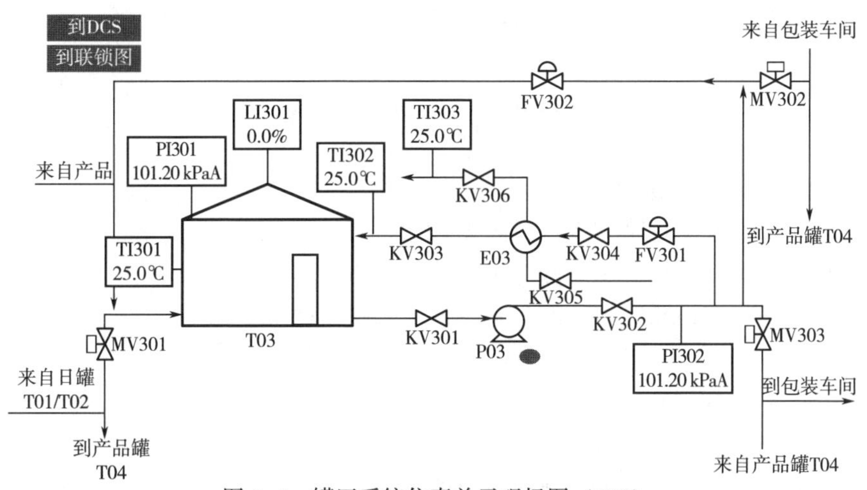

图 6-6　罐区系统仿真单元现场图（T03）

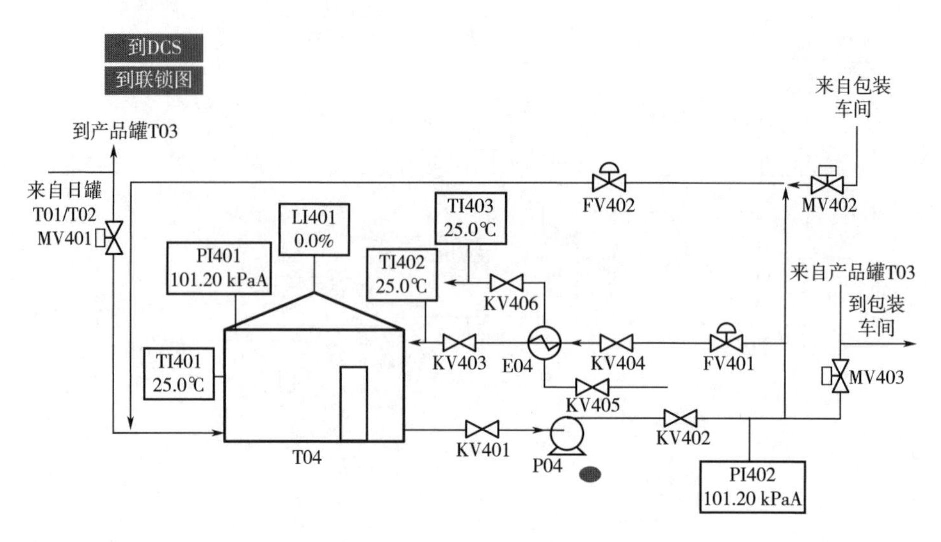

图 6-7 罐区系统仿真单元现场图（T04）

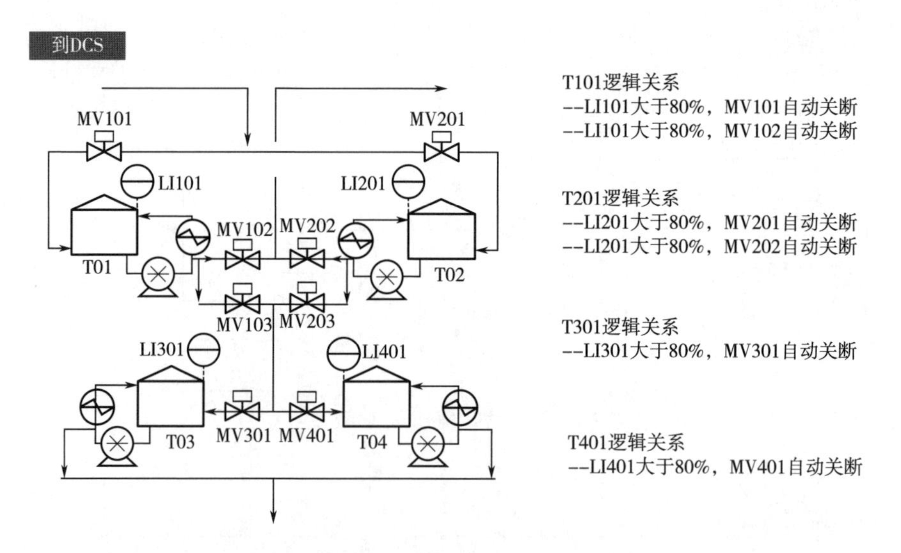

图 6-8 罐区系统仿真单元连锁系统

4. 向产品罐 T03 进料

（1）缓慢打开产品罐 T03 进料阀 MV301。

（2）缓慢打开日储罐 T01 倒罐阀 MV103。

（3）缓慢打开产品罐 T03 的包装设备进料阀 MV302。

（4）缓慢打开产品罐 T03 控制阀 FIC302。

5. 投用冷却器 E03

（1）打开换热器 E03 的冷物流进口阀 KV105。

（2）打开换热器 E03 的冷物流出口阀 KV106。

6. 建立 T03 的回流

（1）当 T03 的液位大于 5%时，打开泵 P03 的进口阀 KV301。

（2）启动泵 P03。

（3）打开产品罐泵 P03 的出口阀 KV302。

（4）打开产品罐换热器 E03 热物流进口阀 KV304。

（5）打开产品罐换热器 E03 热物流出口阀 KV303。

（6）缓慢打开 T03 回流控制阀 FIC301，建立回流。

（7）T03 罐内温度保持在 29~31℃。

7. 产品罐 T03 出料

（1）当 T03 液位高于 5%，缓慢打开出料阀 MV303。

（2）控制 T03 的液位在 50%。

（二）正常停车

1. 停用日罐 T01

（1）关闭 T01 进口阀 MV101。

（2）关闭 T01 出口阀 MV102。

（3）关闭 T01 出口阀 MV103。

（4）关闭 T01 回流控制阀 FIC101。

（5）关闭泵 P01 出口阀 KV102。

（6）停泵 P01。

（7）关闭泵 P01 入口阀 KV101。

（8）关闭换热器 E01 热物流进口阀 KV104。

（9）关闭换热器 E01 热物流出口阀 KV103。

（10）关闭换热器 E01 冷物流进口阀 KV105。

（11）关闭换热器 E01 冷物流出口阀 KV106。

2. 停用日罐 T03

（1）关闭 T03 进口阀 MV301。

（2）关闭 T03 设备进料阀 MV302。

（3）关闭 T03 出口阀 MV303。

（4）关闭 T03 控制阀 FIC301。

（5）关闭 T03 回流控制阀 FIC301。

（6）关闭泵 P03 出口阀 KV302。

（7）停泵 P03。

（8）关闭泵 P03 入口阀 KV301。

（9）关闭换热器 E03 热物流进口阀 KV304。

（10）关闭换热器 E03 热物流出口阀 KV303。

(11) 关闭换热器 E03 冷物流进口阀 KV305。
(12) 关闭换热器 E03 冷物流出口阀 KV306。

(三) 事故处理

罐区系统事故现象及处理方案如表 6-1 所示。

表 6-1　罐区系统事故现象及处理方案表

事故名称	事故现象	处理方案
P01 泵坏	P01 泵出口压力为零； FIC101 流量急骤减小到零	停用日罐 T01，启用备用日罐 T02
换热器 E01 结垢	冷物流出口温度低于 17.5℃； 热物流出口温度降低极慢	停用日罐 T01，启用备用日罐 T02
换热器 E03 热物流串进冷物流	冷物流出口温度明显高于正常值； 热物流出口温度降低极慢	停用产品罐 T03，启用备用产品罐 T04

四、思考与讨论

请在表 6-2 中根据设备位号写出设备名称，或者根据设备名称写出设备位号。

表 6-2　罐区系统设备位号与名称测试

设备位号	设备名称	设备位号	设备名称
T01		T03	
	产品罐 T01 的出口压力泵	P03	
	产品罐 T01 的换热器	E03	
	备用产品罐	T04	
	备用产品罐 T02 的出口泵	P04	
E02			备用产品罐 T04 的换热器

五、项目操作结果评价

完成项目操作后，请填写结果评价表（表 6-3）。

表 6-3　罐区系统项目操作结果评价表

姓名		学号		班级	
组别		组长		成员	
项目名称					

续表

维度	评价内容	自评	互评	师评	总评
知识	掌握罐区系统的设备结构				
	掌握罐区系统的工作原理				
	掌握罐区系统的基本工作流程				
	掌握罐区系统工作过程中关键参数的调控				
	掌握罐区系统典型故障的现象和解决方案				
能力	能够根据开车操作规程，进行罐区系统开车操作				
	能够根据停车操作规程，进行罐区系统停车操作				
	能够根据温度等参数的运行，判断参数的波动和程度				
	能够正确处理参数的波动，保持装置稳定运行				
	能够及时正确判断事故类型，并且妥善处理事故				
素质	具备诚实守信、爱岗敬业、精益求精的职业素养				
	在工作中具备较强的表达能力和沟通能力				
	具备严格遵守操作规程的意识				
	具备安全用电，正确防火、防爆、防毒意识				
	主动思考技术难点，具备一定的创新能力				
总结反思					

拓展阅读

中国稀土化学奠基人——徐光宪
矢志不渝，带领中国打破西方垄断的噩梦

稀土元素指的是元素周期表中镧系元素和钪、钇共 17 种金属元素的总称。稀土元素最初是从瑞典产的比较稀少的矿物中发现的，“土”是按当时的习惯，称不溶于水的物质，故称稀土。

然而，多年前，稀土生产技术却掌握在外国人手里，我国只能向国外廉价出口稀土原料，再从国外高价进口经过深加工的稀土产品。

稀土是隐形战机、超导、核工业等高精尖领域必备的原料。我国拥有世界上最大的稀土资源储备量，但直到 20 世纪 70 年代，我国还不具备提取高纯度稀土资源的能力。

为了打破外国人在稀土领域的垄断，1972 年，徐光宪所在的北京大学化学系接到了一项军工任务，即高纯度分离稀土元素中性质最为相近的镨和钕。

徐光宪说：“这两种元素比孪生兄弟还要像，分离难度极大。但中国作为世界最大的稀土所有国，长期只能出口稀土精矿和混合稀土等初级产品，我们心里不舒服。所以，再难也要上。”

徐光宪阅读了大量文献，在美国宣告失败的“维拉体系”中获得启发，创造出一套新的串级萃取理论，并将纯度提高到99.99%，打破了世界纪录。他和李标国、严纯华等共同研究成功的“稀土萃取分离工艺的一步放大”技术，是在深入研究和揭示串级萃取过程基本规律的基础上，以计算机模拟代替传统的串级萃取小型试验，实现了不经过小试、扩试，一步放大到工业生产规模，大大缩短了新工艺设计到生产的周期，使中国稀土分离技术达到国际先进水平。

模块三

传热操作实训

项目七

管式加热炉单元

学习目标

【知识目标】

（1）掌握管式加热炉的设备结构。

（2）掌握管式加热炉工作原理。

（3）掌握管式加热炉的基本工作流程。

（4）掌握管式加热炉工作过程中关键参数的调控。

（5）掌握管式加热炉典型故障的现象和解决方案。

【能力目标】

（1）能够根据开车操作规程，进行管式加热炉开车操作。

（2）能够根据停车操作规程，进行管式加热炉停车操作。

（3）能根据温度等参数的运行，判断参数的波动和程度。

（4）能够正确处理参数的波动，保持装置稳定运行。

（5）能够及时正确判断事故类型，并且妥善处理事故。

【素质目标】

（1）具备诚实守信、爱岗敬业、精益求精的职业素养。

（2）在工作中具备较强的表达能力和沟通能力。

（3）具备严格遵守操作规程的意识。

（4）具备安全用电，正确防火、防爆、防毒意识。

（5）主动思考技术难点，具备一定的创新能力。

项目导言

管式加热炉（图7-1）是石油炼制、石油化工、煤化工、焦油加工、原油输送等工业中使用的工艺加热炉，被加热物质在管内流动，介质为气体或液体，并且都是易燃易爆的物质，操作条件苛刻，同时长周期运转不间断操作，加热方式为直接受火。管式加热炉的排烟温度可降低到100℃左右，从而实现烟气中含酸水蒸气的部分冷凝，且在回收烟气低温显热的同时，还能回收部分含酸水蒸气的汽化潜热，进一步提高加热炉热效率，节约能源。

图7-1　管式加热炉

项目任务

一、工艺流程简介

本单元选择的是石油化工生产中最常用的管式加热炉。管式加热炉是一种直接受热式加热设备，主要用于加热液体或气体化工原料，所用燃料通常有燃料油和燃料气。管式加热炉的传热方式以辐射传热为主，管式加热炉通常由以下四部分构成。

（1）辐射室　通过火焰或高温烟气进行辐射传热的部分。这部分直接受火焰冲刷，温度很高（600~1600℃），是热交换的主要场所（占热负荷的70%~80%）。

（2）对流室　靠辐射室出来的烟气进行以对流传热为主的换热部分。

（3）燃烧器　使燃料雾化并混合空气，使之燃烧的产热设备，燃烧器可分为燃料油燃烧器、燃料气燃烧器和油-气联合燃烧器。

（4）通风系统　将燃烧用空气引入燃烧器，并将烟气引出炉子，可分为自然通风方式和强制通风方式。

1. 工艺物料系统

本工艺为单独进行管式加热炉技能培训而设计，其工艺流程（参考流程仿真界面）如图 7-2 所示。

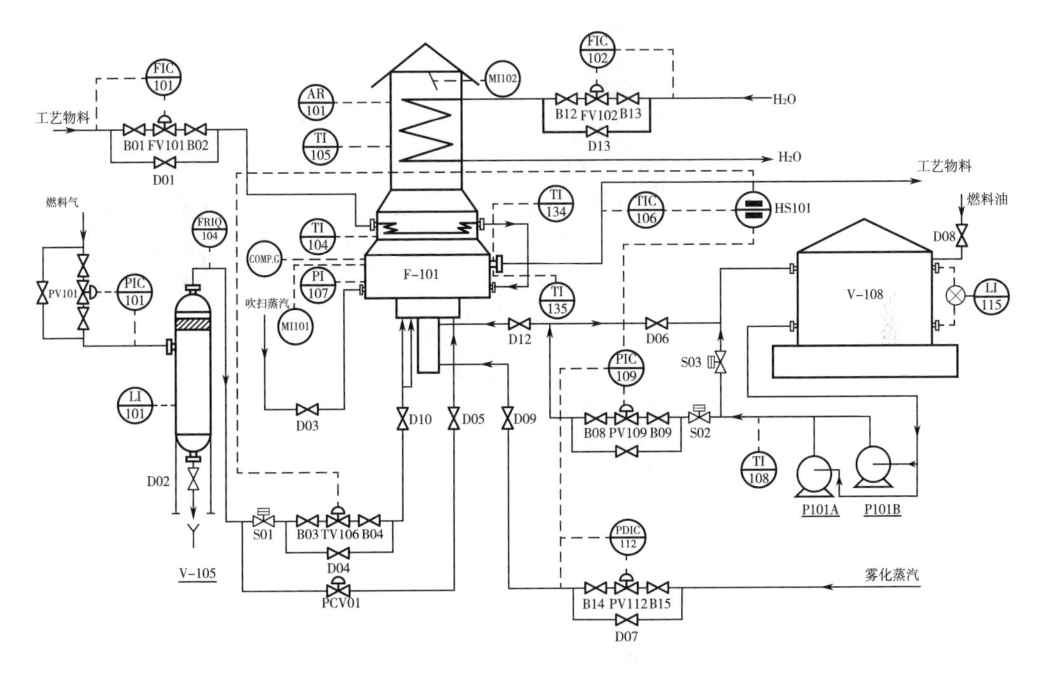

图 7-2　管式加热炉技能培训工艺流程图

某烃类化工原料在流量调节器 FIC101 的控制下先进入加热炉 F-101 的对流段，经对流的加热升温后，再进入 F-101 的辐射段，被加热至 420℃后，送至下一工序，其炉出口温度由调节器 TIC106 通过调节燃料气流量或燃料油压力来控制。

采暖水在调节器 FIC102 控制下，经与 F-101 的烟气换热，回收余热后，返回采暖水系统。

2. 燃料系统

燃料气管网的燃料气在调节器 PIC101 的控制下进入燃料气罐 V-105，燃料气在 V-105 中脱油脱水后，分两路送入加热炉，一路在 PCV01 控制下送入常明线；一路在 TV106 调节阀控制下送入油-气联合燃烧器。

来自燃料油罐 V-108 的燃料油经 P101A/B 升压后，在 PIC109 控制压下被送至燃烧器火嘴前，用于维持火嘴前的油压，多余燃料油返回 V-108。来自管网的雾化蒸汽在 PDIC112 的控制压与燃料油保持一定压差情况下送入燃料器。来自管网的吹热蒸汽直接进入炉膛底部。

二、 DCS 图、现场图

管式加热炉仿真单元 DCS 与现场图如图 7-3 与图 7-4 所示。

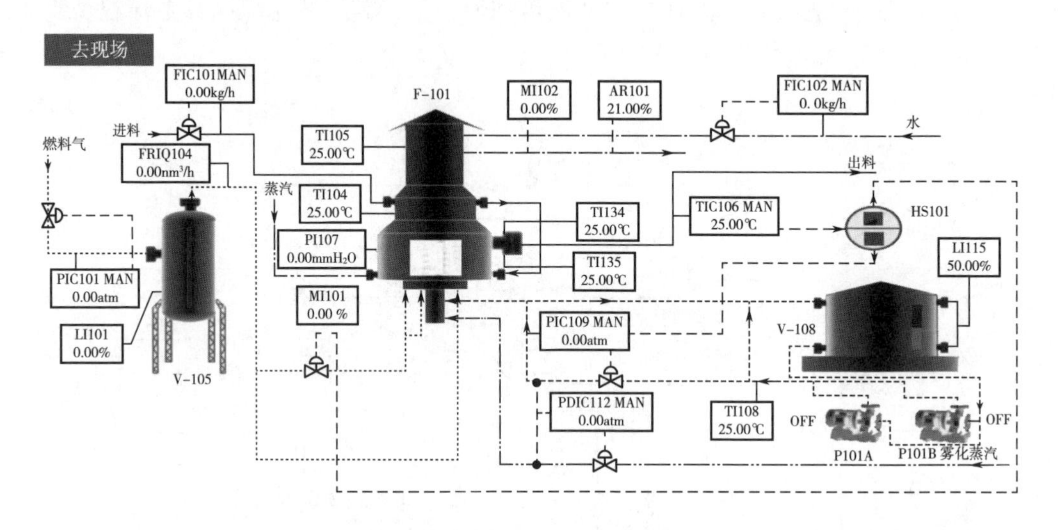

图 7-3 管式加热炉仿真单元 DCS 图

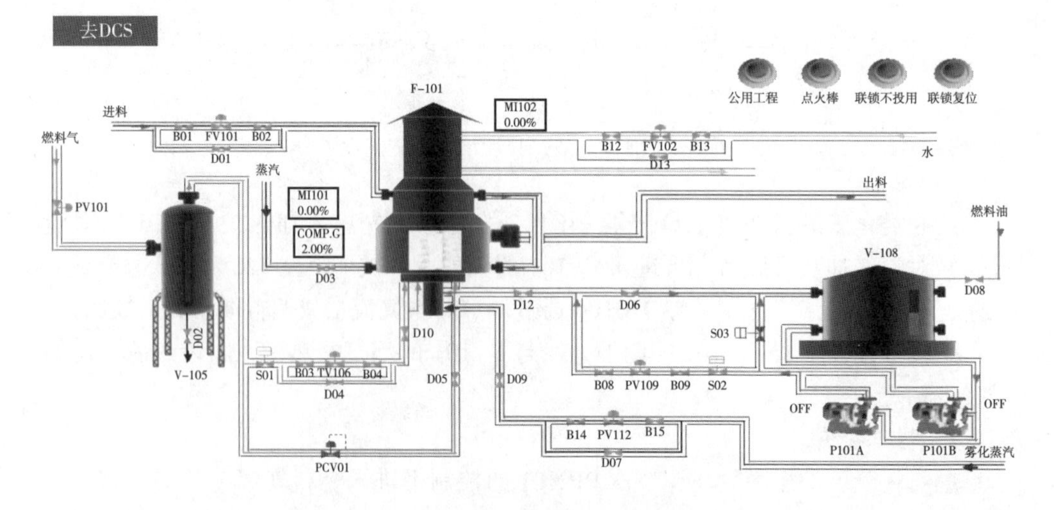

图 7-4 管式加热炉仿真单元现场图

三、操作步骤

（一）冷态开车

1. 开车前的准备

（1）公用工程启用（现场图“UTILITY”按钮置“ON”）。

（2）摘除联锁（现场图“BYPASS”按钮置“ON”）。

（3）联锁复位（现场图“RESET”按钮置“ON”）。

2. 点火准备工作

（1）全开加热炉的烟道挡板 MI102。

（2）打开吹扫蒸汽阀 D03，吹扫炉膛内的可燃气体（实际约需 10min）。

（3）待可燃气体的含量低于 0.5%后，关闭吹扫蒸汽阀 D03。

（4）将 MI101 调节至 30%。

（5）调节 MI102 在一定的开度（30%左右）。

3. 燃料气准备

（1）手动打开 PIC101 的调节阀，向 V-105 充燃料气。

（2）控制 V-105 的压力不超过 2atm，在 2atm 处将 PIC101 投自动。

4. 点火操作

（1）当 V-105 压力大于 0.5atm 后，启动点火棒（“IGNITION”按钮置“ON”），打开常明线上的根部阀门 D05。

（2）确认点火成功（火焰显示）。

（3）若点火不成功，需重新进行吹扫和再点火。

5. 升温操作

（1）确认点火成功后，先进燃料气线上的调节阀的前后阀（B03、B04），再稍开调节阀（<10%）（TV106），再全开根部阀 D10，引燃料气入加热炉火嘴。

（2）用调节阀 TV106 控制燃料气量，来控制升温速度。

（3）当炉膛温度升至 100℃时恒温 30s（实际生产恒温 1h）烘炉，当炉膛温度升至 180℃时恒温 30s（实际生产恒温 1h）暖炉。

6. 引工艺物料

当炉膛温度升至 180℃后，引工艺物料：

（1）先开进料调节阀的前后阀 B01、B02，再稍开调节阀 FV101（<10%），引工艺物料进加热炉。

（2）先开采暖水线上调节阀的前后阀 B13、B12，再稍开调节阀 FV102（<10%），引采暖水进加热炉。

7. 启动燃料油系统

待炉膛温度升至 200℃左右时，开启燃料油系统：

（1）开雾化蒸汽调节阀的前后阀 B15、B14，再微开调节阀 PDIC112（<10%）。

（2）全开雾化蒸汽的根部阀 D09。

（3）开燃料油压力调节阀 PV109 的前后阀 B09、B08。

（4）开燃料油返回 V-108 管线阀 D06。

（5）启动燃料油泵 P101A。

（6）微开燃料油调节阀 PV109（<10%），建立燃料油循环。

（7）全开燃料油根部阀 D12，引燃料油入火嘴。

（8）打开 V-108 进料阀 D08，保持贮罐液位为 50%。

（9）按升温需要逐步开大燃料油调节阀，通过控制燃料油升压（最后到 6atm 左右）来控制进入火嘴的燃料油量，同时控制 PDIC112 在 4atm 左右。

8. 调整至正常

（1）逐步升温使炉出口温度至正常（420℃）。

（2）在升温过程中，逐步开大工艺物料线的调节阀，使之流量调整至正常。

（3）在升温过程中，逐步将采暖水流量调至正常。

（4）在升温过程中，逐步调整风门使烟气的氧含量正常。

（5）逐步调节挡板开度使炉膛负压正常。

（6）逐步调整其他参数至正常。

（7）将联锁系统投用（“INTERLOCK”按钮置“ON”）。

（二）正常停车

1. 停车准备

摘除联锁系统（现场图上按下“联锁不投用”）。

2. 降量

（1）通过 FIC101 逐步降低工艺物料进料量至正常的 70%。

（2）在 FIC101 降量过程中，逐步通过减少燃料油压力或燃料气流量，来维持炉出口温度 TIC106 稳定在 420℃左右。

（3）在 FIC101 降量过程中，逐步降低采暖水 FIC102 的流量。

（4）在降量过程中，适当调节风门和挡板，维持烟气氧含量和炉膛负压。

3. 降温及停燃料油系统

（1）当 FIC101 降至正常量的 70%后，逐步开大燃料油的 V-108 返回阀来降低燃料油压力，降温。

（2）待 V-108 返回阀全开后，可逐步关闭燃料油调节阀，再停燃料油泵（P101A/B）。

（3）在降低燃料油压力的同时，降低雾化蒸汽流量，最终关闭雾化蒸汽调节阀。

（4）在以上降温过程中，可适当降低工艺物料进料量，但不可使炉出口温度高于 420℃。

4. 停燃料气及工艺物料

（1）待燃料油系统停完后，关闭 V-105 燃料气入口调节阀（PIC101 调节阀），停止向 V-105 供燃料气。

（2）待 V-105 压力降至 0. 3atm 时，关燃料气调节阀 TV106。

（3）待 V-105 压力降至 0. 1atm 时，关长明灯根部阀 D05，灭火。

（4）待炉膛温度低于 150℃时，关 FIC101 调节阀停工艺进料，关 FIC102 调节阀，停采暖水。

5. 炉膛吹扫

（1）灭火后，开吹扫蒸汽，吹扫炉膛 5s（实际 10min）。

（2）停吹扫蒸汽后，保持风门、挡板一定开度，使炉膛正常通风。

（三）正常运行管理和事故处理

1. 正常工况下主要工艺参数的生产指标

（1）炉出口温度 TIC106：420℃。

（2）炉膛温度 TI104：640℃。

（3）烟道气温度 TI105：210℃。

（4）烟道氧含量 AR101：4%。

（5）炉膛负压 PI107：-2. 0mmH_2O。

（6）工艺物料量 FIC101：3072. 5kg/h。

（7）采暖水流量 FIC102：9584kg/h。

（8）V-105 压力 PIC101：2atm。

（9）燃料油压力 PIC109：6atm。

（10）雾化蒸汽压差 PDIC112：4atm。

注：1mmH_2O=9. 8066Pa，余同。

2. TIC106 控制方案切换

工艺物料的炉出口温度 TIC106 可以通过燃料气和燃料油两种方式进行控制。两种方式的切换由 HS101 切换开关来完成。当 HS100 切入燃料气控制时，TIC106 直接控制燃料气调节阀，燃料油由 PIC109 单回路自行控制；当 HS101 切入燃料油控制时，TIC106 与 PIC109 结成串级控制，通过燃料油压力控制燃料油燃烧量。

3. 事故处理

管式加热炉事故现象及处理方案如表 7-1 所示。

表 7-1 管式加热炉事故现象及处理方案表

事故名称	事故现象	处理方案
燃料油火嘴堵	燃料油泵出口压控阀压力忽大忽小；燃料气流量急骤增大	紧急停车

续表

事故名称	事故现象	处理方案
燃料气压力低	炉膛温度下降；炉出口温度下降；燃料气分液罐压力降低	改为烧燃料油控制
炉管破裂	炉膛温度急骤升高；炉出口温度升高；燃料气控制阀关阀	紧急停车
燃料气调节阀卡	调节器信号变化时燃料气流量不发生变化；炉出口温度下降	改现场旁路手动控制

四、思考与讨论

请在表 7-2 中根据设备位号写出该设备的含义。

表 7-2　　管式加热炉设备位号与名称测试

设备位号	设备名称	设备位号	设备名称
FIC101		PDIC112	
FIC102		TI104	
LI101		TI105	
LI115		TIC106	
PIC101		TI108	
PI107		TI134	
PIC109		TI135	

五、项目操作结果评价

完成项目操作后，请填写结果评价表（表 7-3）。

表 7-3　　管式加热炉项目操作结果评价表

<table>
<tr><td colspan="2">姓名</td><td></td><td>学号</td><td></td><td>班级</td><td colspan="2"></td></tr>
<tr><td colspan="2">组别</td><td></td><td>组长</td><td></td><td>成员</td><td colspan="2"></td></tr>
<tr><td colspan="2">项目名称</td><td colspan="6"></td></tr>
<tr><td>维度</td><td colspan="3">评价内容</td><td>自评</td><td>互评</td><td>师评</td><td>总评</td></tr>
<tr><td rowspan="3">知识</td><td colspan="3">掌握管式加热炉的设备结构</td><td></td><td></td><td></td><td></td></tr>
<tr><td colspan="3">掌握管式加热炉工作原理</td><td></td><td></td><td></td><td></td></tr>
<tr><td colspan="3">掌握管式加热炉的基本工作流程</td><td></td><td></td><td></td><td></td></tr>
</table>

续表

维度	评价内容	自评	互评	师评	总评
知识	掌握管式加热炉工作过程中关键参数的调控				
	掌握管式加热炉典型故障的现象和解决方案				
能力	能够根据开车操作规程，进行管式加热炉开车操作				
	能够根据停车操作规程，进行管式加热炉停车操作				
	能够根据温度等参数的运行，判断参数的波动和程度				
	能够正确处理参数的波动，保持装置稳定运行				
	能够及时正确判断事故类型，并且妥善处理事故				
素质	具备诚实守信、爱岗敬业、精益求精的职业素养				
	在工作中具备较强的表达能力和沟通能力				
	具备严格遵守操作规程的意识				
	具备安全用电，正确防火、防爆、防毒意识				
	主动思考技术难点，具备一定的创新能力				
总结反思					

拓展阅读

绿色发展——太阳能光伏

光伏发电是根据光生伏打效应原理，利用太阳能电池将太阳光能直接转化为电能。关键元件是太阳能电池板，经过串联后进行封装保护可形成大面积的太阳电池组件，再配合功率控制器等部件就形成了光伏发电装置（图 7–5）。原理是半导体的光电效应。光子照射到金属上时，它的能量可以被金属中某个电子全部吸收，电子吸收的能量足够大，能克服金属内部引力做功，离开金属表面逃逸出来，成为光电子。

光伏发电有很多优点，它不排放包括温室气体在内的任何物质，无噪声、无污染，太阳能资源分布广泛且取之不尽、用之不竭。因此，与风力发电、生物质能发电和核能发电等新型发电技术相比，光伏发电是一种最具可持续发展理念特征的可再生能源发电技术。传统的燃料能源正在一天天减少，对环境造成的危害日益突出，2020 年 9 月 22 日，中国在第七十五届联合国大会上表示，力争 2030 年前二氧化碳排放达到峰值，努力争取 2060 年前实现碳中和目标。

在“双碳”目标下，光伏产业是一个新的发展机会。光伏能源作为可再生能源，无论是从光伏资源潜力，还是从技术成本、建设成本来看，都具备替代煤炭

图 7-5　光伏发电设备

能源的可行性，从而推动电力系统转型。在国家的大力扶持下，我国涌现出一大批有国际竞争力的企业，2022 年全国生产的高纯晶硅的全球占比已经达到 90%，硅棒和硅片占全世界的 97%，组件占 75%~80%。中国在这一轮全世界生态低碳高质量发展的过程当中，牢牢地成为了牵引全人类能源转型的第一大国，使中国制造、中国技术成为推动和引领全人类能源转型的第一主角。

项目八

锅炉系统单元

学习目标

【知识目标】

（1）掌握锅炉系统的设备结构。

（2）掌握锅炉系统的工作原理。

（3）掌握锅炉系统的基本工作流程。

（4）掌握锅炉系统工作过程中关键参数的调控。

（5）掌握锅炉系统典型故障的现象和解决方案。

【能力目标】

（1）能够根据开车操作规程，进行锅炉系统开车操作。

（2）能够根据停车操作规程，进行锅炉系统停车操作。

（3）能够根据温度等参数的运行，判断参数的波动和程度。

（4）能够正确处理参数的波动，保持装置稳定运行。

（5）能够及时正确判断事故类型，并且妥善处理事故。

【素质目标】

（1）具备诚实守信、爱岗敬业、精益求精的职业素养。

（2）在工作中具备较强的表达能力和沟通能力。

（3）具备严格遵守操作规程的意识。

（4）具备安全用电，正确防火、防爆、防毒意识。

（5）主动思考技术难点，具备一定的创新能力。

项目导言

燃烧系统即所谓的“炉”，它的任务是使燃料在炉中更好地燃烧。本单元的燃烧系统由炉膛和燃烧器组成。锅炉的主要用途是提供中压蒸汽及消除催化裂化装置再生的CO废气对大气的污染，回收催化装置再生过程中废气的热能。汽水系统即所谓的“锅”，它的任务是吸收燃料放出的热量，使水蒸发最后成为规定压力和温度的过热蒸汽。它由（上、下）汽包、对流管束、降管、（上、下）联箱、水冷壁、过热器、减温器和省煤器组成（图8-1）。

图8-1　锅炉系统

项目任务

一、工艺流程简介

基于燃料（燃料油、燃料气）与空气按一定比例混合即发生燃烧而产生高温火焰并放出大量热量的原理，所谓锅炉主要是通过燃烧后辐射段的火焰和高温烟气对水冷壁内的锅炉给水进行加热，使锅炉给水变成饱和水而进入汽包进行汽水分离，而从辐射室出来进入对流段的烟气仍具有很高的温度，再通过对流室对来自于汽包的饱和蒸汽进行加热即产生过热蒸汽。

本软件为每小时产生65t过热蒸汽锅炉仿真培训而设计。主要设备为WGZ65/39-6型锅炉，采用自然循环、双汽包结构。锅炉主体由省煤器、上汽包、对流管束、下汽包、下降管、水冷壁、过热器、表面式减温器、联箱组成。省煤器的主要作用是预热锅炉给水，降低排烟温度，提高锅炉热效率。上汽包的主要作用是汽水分离，连接受热面构成正常循环。水冷壁的主要作用是吸收炉膛辐射热。过热器分为低温段和高温段过热器，其主要作用是使饱和蒸汽变成过热蒸汽。减温器的主要作用是微调过热蒸汽的温度（调整范围为10~33℃）。

锅炉设有一套完整的燃烧设备，可以适应燃料气、燃料油、液态烃等多种燃料。根据不同蒸汽压力既可燃烧一种燃料，也可以混烧多种燃料，还可以分别和CO废气混烧。本软件为燃料气、燃料油、液态烃与CO废气混烧仿真。其工艺流程（参考流程仿真界面）如图8-2所示。

除氧器通过水位调节器LIC101接受外界。水经热力除氧后，一部分经低压水泵P102供给全厂各车间，另一部分经高压水泵P101供应锅炉用水，除氧器压力由PIC101单回路控制。锅炉给水一部分经减温器回水至省煤器，一部分直接进入省煤器，两路给水调节阀被过热蒸汽温度调节器TIC101分程控制。锅炉给水被烟气回热至256℃饱和水状态进入上汽包，再经对流管束至下汽包，再通过下降管进入锅炉水冷壁，吸收炉膛辐射热使其在水冷壁里变成汽水混合物，然后进入上汽包进行汽水分离。锅炉总给水量由上汽包液位调节器LIC102单回路控制。

256℃的饱和蒸汽经过低温段过热器（通过烟气换热）、减温器（锅炉给水减温）和高温段过热器（通过烟气换热），最终变成447℃、3.77MPa的过热蒸汽供给全厂使用 。

燃料气包括高压瓦斯气和液态烃，分别通过压力控制器PIC104和PIC103单回路控制进入高压瓦斯罐V-101，高压瓦斯罐顶气通过过热蒸汽压力控制器PIC102单回路控制进入六个点火枪；燃料油经燃料油泵P105升压后被输送至六个点火枪的进料口，然后进入燃烧室进行燃烧。

燃烧所用空气通过鼓风机P104增压进入燃烧室。CO烟气系统由催化裂化再生器产生，温度为500℃，经过水封罐进入锅炉，燃烧放热后再排至烟囱。

锅炉排污系统包括连排系统和定排系统，用来保持水蒸气品质。

二、名词解释

1. 汽水系统

（1）汽包　装在锅炉的上部，包括上下两个汽包，它们是圆筒形的受压容器，之间通过对流管束连接。上汽包的下部是水，上部是蒸汽，它接收省煤器的来水，并依靠重力的作用将水经过对流管束送入下汽包。

（2）对流管束　由多根细管组成，将上、下汽包连接起来。上汽包中的水经过对流管束流入下汽包，其间要吸收炉膛放出的大量热量。

（3）下降管　它是水冷壁的供水管，即汽包中的水流入下降管并通过水冷壁下的联箱均匀地分配到水冷壁的各上升管中。

（4）水冷壁　布置在燃烧室内四周墙上的许多平行的管子。它主要的作用是吸收燃烧室中的辐射热，使管内的水汽化，蒸汽就是在水冷壁中产生的。

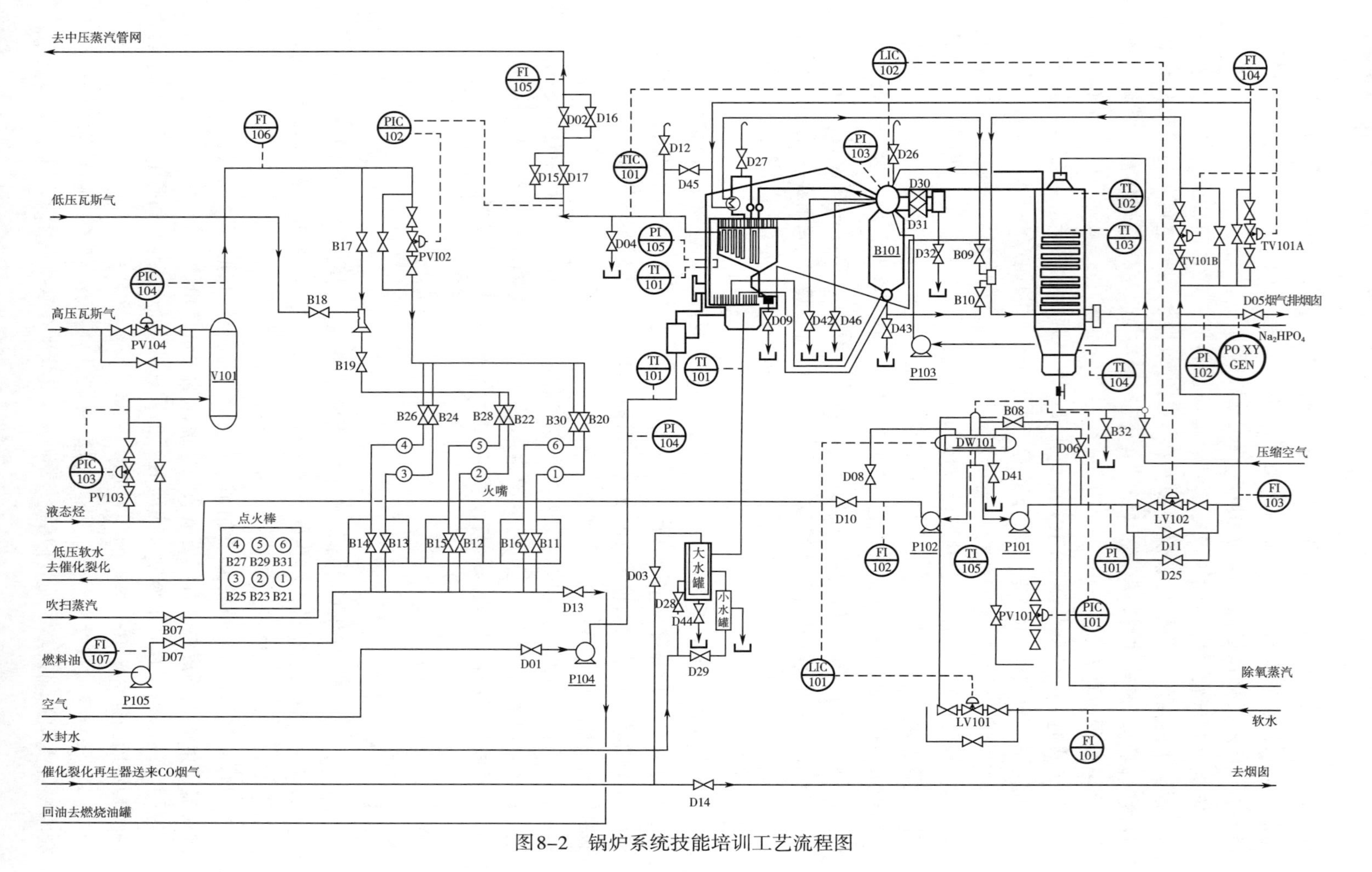

图8-2 锅炉系统技能培训工艺流程图

（5）过热器　过热器的作用是利用烟气的热量将饱和的蒸汽加热成一定温度的过热蒸汽。

（6）减温器　在锅炉的运行过程中，由于很多因素使过热蒸汽加热温度发生变化，而为用户提供的蒸汽温度需保持在一定范围内，为此必须装设汽温调节设备。其原理是接受冷量，将过热蒸汽温度降低。本单元中，一部分锅炉给水先经过减温器调节过热蒸汽温度后再进入上汽包。本单元的减温器为多根细管装在一个筒体中的表面式减温器。

（7）省煤器　装在锅炉尾部的垂直烟道中。它利用烟气的热量来加热给水，以提高给水温度，降低排烟温度，节省燃料。

（8）联箱　本单元采用的是圆形联箱，它实际为直径较大、两端封闭的圆管，用来连接管子，起着汇集、混合和分配水汽的作用。

2. 燃烧系统

燃烧系统即所谓的“炉”，它的任务是使燃料在炉中更好地燃烧。本单元的燃烧系统由炉膛和燃烧器组成。

（1）炉膛　炉膛是一个由炉墙和四周水冷壁围成的空间，主要是燃料燃烧的地方。

（2）燃烧器　燃烧器是锅炉的主要燃烧设备，其作用是将燃料和燃烧所需的空气以一定速度喷入炉膛，确保燃料在炉内良好地混合、及时着火并稳定燃烧。

补充说明：单元的液位指示说明。

（1）在脱氧罐 DW101 中，在液位指示计的 0 点下方还有一段空间，故开始进料后不会马上有液位指示。

（2）在锅炉上汽包中同样是在液位指示计的起测点下方还有一段空间，故开始进料后不会马上有液位指示。同时上汽包中的液位指示计较特殊，其起测点的值为-300mm，上限为 300mm，正常液位为 0mm，整个测量量程为 600mm。

三、 DCS 图、现场图

锅炉系统仿真单元 DCS 与现场图如图 8-3 与图 8-4 所示。

四、操作步骤

（一）冷态开车

1. 启动公用工程

启动“公用工程”按钮，使所有公用工程均处于待用状态。

2. 除氧器投运

（1）手动打开液位调节器 LIC101，向除氧器充水，使液位指示达到 400mm，将调节器 LIC101 投自动（给定值设为 400mm）。

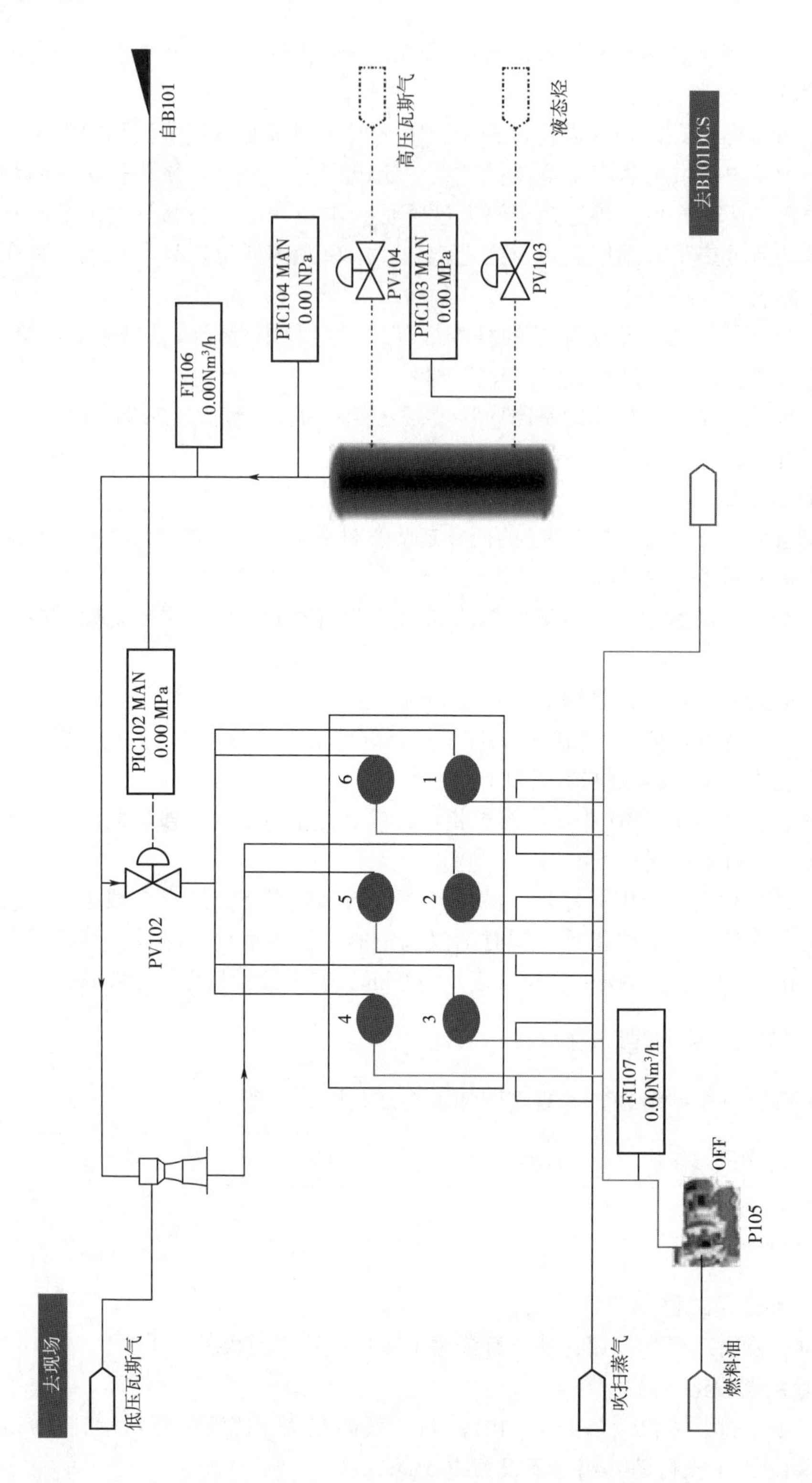

图 8-3 锅炉系统仿真单元DCS图

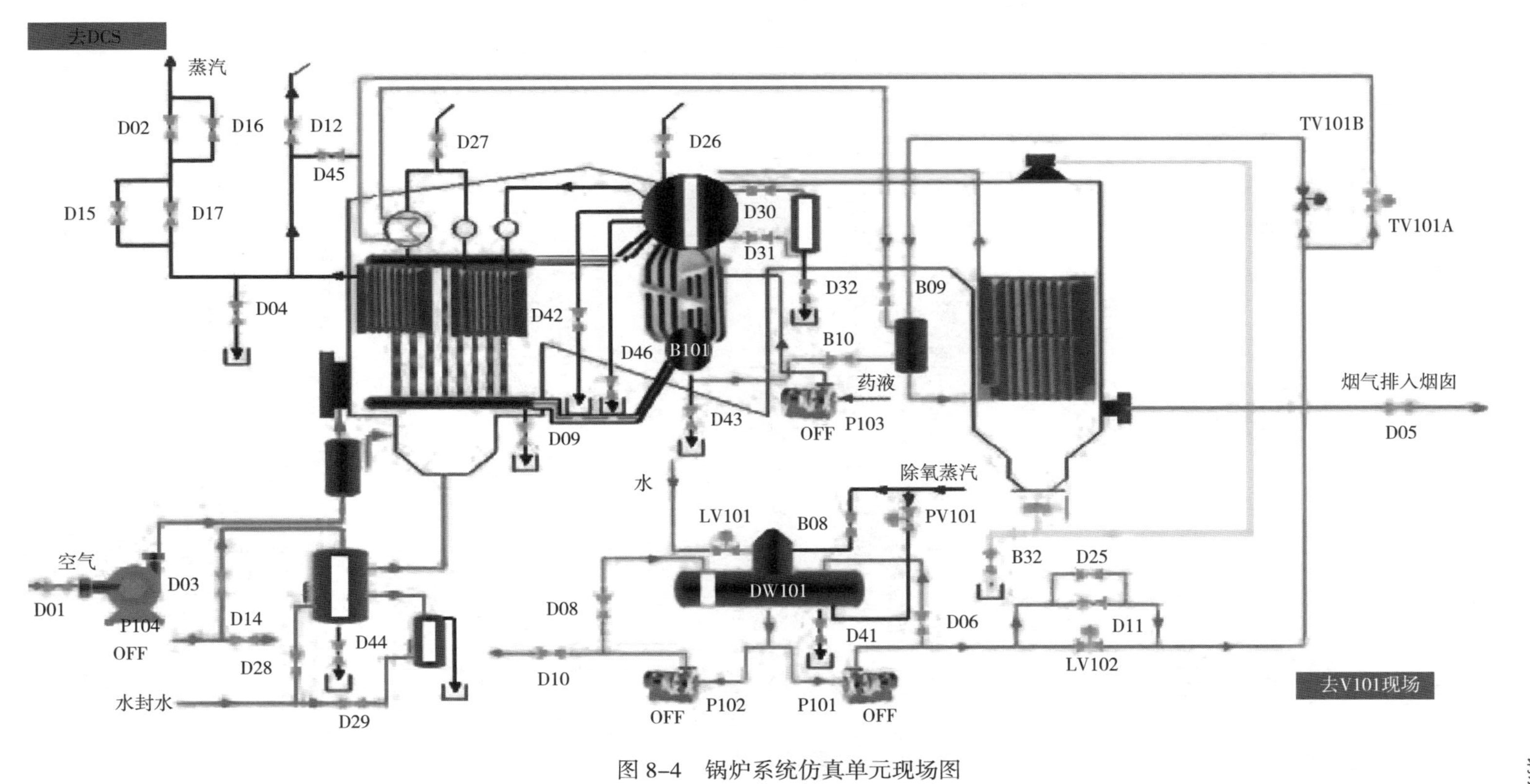

图 8–4　锅炉系统仿真单元现场图

（2）手动打开压力调节器 PIC101，送除氧蒸汽，打开供气系统现场图中除氧器的再沸腾阀 B08，向 DW101 通一段时间蒸汽后关闭。

（3）除氧器压力升至 2000mmH_2O 时，将压力调节器 PIC101 投自动（给定值设为 2000mmH_2O）。

3. 锅炉上水

（1）确认省煤器与下汽包之间的再循环阀关闭（B10），打开上汽包液位计汽阀 D30 和水阀 D31。

（2）确认省煤器给水调节阀 TIC101 全关。

（3）开启高压泵 P101。

（4）通过高压泵循环阀（D06）调整泵出口压力约为 5.0MPa。

（5）缓慢开启给水调节阀的旁路阀（D25），手控上水。（注意上水流量不得大于 10t/h，请注意上水时间较长，在实际教学中，可加大进水量，加快操作速度）。

（6）待水位升至-50mm，关入口水调节阀的旁路阀（D25）。

（7）开启省煤器和下汽包之间的再循环阀（B10）。

（8）打开上汽包液位调节阀 LV102。

（9）小心调节 LV102 阀使上汽包液位控制在 0mm 左右，投自动。

4. 燃料系统投运

（1）将高压瓦斯压力调节器 PIC104 置手动，手控高压瓦斯调节阀使压力达到 0.3MPa。给定值设 0.3MPa 后投自动。

（2）将液态烃压力调节器 PIC103 给定值设为 0.3MPa 投自动。

（3）依次打开喷射器高压入口阀（B17）、喷射器出口阀（B19）、喷射器低压入口阀（B18）。

（4）开火嘴蒸汽吹扫阀（B07），2min 后关闭。

（5）开启燃料油泵（P105）、燃料油泵出口阀（D07）、回油阀（D13）。

（6）关烟气大水封进水阀（D28），开大水封放水阀（D44），将大水封中的水排空。

（7）开小水封进水阀（D29），为导入 CO 烟气做准备。

5. 锅炉点火

（1）全开上汽包放空阀（D26）、过热器排空阀（D27）和过热器疏水阀（D04），全开过热蒸汽对空排气阀（D12）。

（2）炉膛送气，全开风机入口挡板（D01）和烟道挡板（D05）。

（3）开启风机（P104）通风 5min，使炉膛不含可燃气体。

（4）将烟道挡板调至 20%左右。

（5）将 1、2、3 号燃气火嘴点燃。先开点火器，后开炉前根部阀。

（6）置过热蒸汽压力调节器（PIC102）为手动，按锅炉升压要求，手动控制升压速度。

（7）将4、5、6号燃气火嘴点燃。

6. 锅炉升压

冷态锅炉由点火至达到并汽条件，时间应严格控制在3h以上，升压应缓慢平稳。在仿真器上为了提高培训效率，时间缩短为半小时左右。此间严禁关小过热器疏水阀（D04）和对空排汽阀（D12），赶火升压，避免过热器管壁温度急剧上升和对流管束胀口渗水等现象发生。

（1）开加药泵P103，加Na_2HPO_4。

（2）压力在0.7~0.8MPa时，根据止水量估计排空蒸汽量。关小减温器、上汽包排空阀。

（3）过热蒸汽温度达400℃时投入减温器（按分程控制原理，调整调节器的输出为0%时，减温器调节阀开度为0%，省煤器给水调节阀开度为100%。输出为50%时，两阀各开50%。输出为100%时，减温器调节阀开度为100%，省煤器给水调节阀开度为0%）。

（4）压力升至3.6MPa后，保持此压力达到平稳后，准备锅炉并汽。

7. 锅炉并汽

（1）确认蒸汽压力稳定，且为3.62~3.67MPa，蒸汽温度不低于420℃，上汽包水位为0mm左右，准备并汽。

（2）在并汽过程中，调整过热蒸汽压力低于母管压力0.10~0.15MPa。

（3）缓慢开启主汽阀旁路阀（D15）。

（4）缓慢开启隔离阀旁路阀（D16）。

（5）开启主汽阀（D17），开度约为20%。

（6）缓慢开启隔离阀（D02），压力平衡后全开隔离阀。

（7）缓慢关闭隔离阀旁路阀D16。此时若压力趋于升高或降低，通过过热蒸汽压力调节器手动调整。

（8）缓慢关闭主汽阀旁路阀，注意压力变化。若压力趋于升高或降低，通过过热蒸汽压力调节器手动调整。

（9）将过热蒸汽压力调整节器给定值设为3.77MPa，手动调整蒸汽压力达到3.77MPa后投自动。

（10）缓慢关闭疏水阀（D04）。

（11）缓慢关闭排空阀（D12）。

（12）缓慢关闭过热器放空阀（D27）

（13）关省煤器与下汽包之间再循环阀（B10）。

8. 锅炉负荷提升

（1）将减温器给定值设为447℃，手动调整蒸汽温度达到后投自动。

（2）逐渐开大主汽阀D17，使负荷升至20t/h。

（3）缓慢手动调整主汽阀提升负荷（注意操作的平稳度，提升速度不超过5t/

h，同时要注意加大进水量及加热量），使蒸汽负荷缓慢提升到65t/h左右。

（4）打开燃油泵至1号火嘴阀B11，燃油泵至2号火嘴阀B12，同时调节燃油出口阀和主汽阀使压力PIC102稳定。

（5）开除尘阀B32，进行钢珠除尘，完成负荷提升。

9. 至催化裂化除氧水流量提升

（1）启动低压水泵（P102）。

（2）适当开启低压水泵出口再循环阀（D08），调节泵出口压力。

（3）渐开低压水泵出口阀（D10），使去催化的除氧水流量为100t/h左右。

（二）正常停车

1. 锅炉负荷降量

（1）停开加药泵P103。

（2）缓慢开大减温器开度，使蒸汽温度缓慢下降。

（3）缓慢关小主汽阀D17，降低锅炉蒸汽负荷。

（4）打开疏水阀D04。

2. 关闭燃料系统

（1）逐渐关闭D03停用CO烟气，大小水封上水。

（2）缓慢关闭燃料油泵出口阀D07。

（3）关闭燃料油后，关闭燃料油泵P105。

（4）停燃料系统后，打开D07对火嘴进行吹扫。

（5）缓慢关闭高压瓦斯压力调节阀PV104及液态烃压力调节阀PV103。

（6）缓慢关闭过热蒸汽压力调节阀PV102。

（7）停燃料系统后，逐渐关闭主蒸汽阀门D17。

（8）同时开启主蒸汽阀前疏水阀，尽量控制炉内压力，使其平缓下降。

（9）关闭隔离阀D02。

（10）关闭连续排污阀D09，并确认定期排污阀D46已关闭。

（11）关闭引风机挡板D01，停鼓风机P104，关闭烟道挡板D05。

（12）关闭烟道挡板后，打开D28给大水封上水。

3. 停上汽包上水

（1）关闭除氧器液位调节阀LV102。

（2）关闭除氧器加热蒸汽压力调节阀PV101。

（3）关闭低压水泵P102。

（4）待过热蒸汽压力小于0.1atm后，打开D27和D26。

（5）待炉膛温度降为100℃后，关闭高压水泵P101。

4. 泄液

（1）除氧器温度（TI105）降至80℃后，打开D41泄液。

（2）炉膛温度（TI101）降至80℃后，打开D43泄液。

（3）开启鼓风机入口挡板D01、鼓风机P104和烟道挡板D05对炉膛进行吹扫，然后关闭。

（三）正常运行管理及事故处理

1. 正常工况下工艺参数

（1）FI105：蒸汽负荷正常控制值为65t/h。

（2）TIC101：过热蒸汽温度投自动，设定值为447℃。

（3）LIC102：上汽包水位投自动，设定值为0.0mm。

（4）PIC102：过热蒸汽压力投自动，设定值为3.77MPa。

（5）PI101：给水压力正常控制值为5.0MPa。

（6）PI105：炉膛压力正常控制值为小于200mmH_2O。

（7）TI104：油气与CO烟气混烧200℃，最高250℃；油气混烧排烟温度控制值小于180℃。

（8）POXYGEN：烟道气氧含量为0.9%~3.0%。

（9）PIC104：燃料气压力投自动，设定值为0.30MPa。

（10）PIC101：除氧器压力投自动，设定值为2000mmH_2O。

（11）LIC101：除氧器液位投自动，设定值为400mmH_2O。

2. 正常工况操作要点

（1）在正常运行中，不允许中断锅炉给水。

（2）当给水自动调节投入运行时，应经常监视锅炉水位的变化。保持给水量变化平稳，避免调整幅度过大或过急，要经常对照给水流量与蒸汽流量是否相符。若给水自动调整失灵，应改为手动调整给水。

（3）在运行中应经常监视给水压力和给水温度的变化。通过高压泵循环阀调整给水压力；通过除氧器压力间接调整给水温度。

（4）汽包水位计每班冲洗一次，冲洗步骤是：

①开放水阀，冲洗汽、水管和玻璃管。

②关水阀，冲洗汽管及玻璃管。

③开水阀，关汽阀，冲洗水管。

④开汽阀，关放水阀，恢复水位计运行（关放水阀时，水位计中的水位应很快上升，略有轻微波动）。

（5）冲洗水位计时的安全注意事项

①冲洗水位计时要注意人身安全，穿戴好劳动保护用具，要背向水位计，以免玻璃管爆裂伤人。

②关闭放水阀时要缓慢，因为此时水流量突然截断，压力会瞬时升高，容易造成玻璃管爆裂。

③防止工具、汗水等碰击玻璃管，以防爆裂。

3. 汽压和汽温的调整

（1）为确保锅炉燃烧稳定及水循环正常，锅炉蒸发量应不低于40t/h。

（2）增减负荷时，应及时调整锅炉蒸发量，尽快适应系统的需要。

（3）在下列条件下，应特别注意调整。

①负荷变大或发生事故时。

②锅炉刚并汽增加负荷或低负荷运行时。

③各种燃料阀切换时。

④停炉前减负荷或炉间过度负荷时。

（4）手动调整减温水量时，不应猛增猛减。

（5）锅炉低负荷时，酌情减少减温水量或停止使用减温器。

4. 锅炉燃烧的调整

（1）在运行中，应根据锅炉负荷合理地调整风量，在保证燃烧良好的条件下，尽量降低过剩空气系数，降低锅炉电耗。

（2）在运行中，应根据负荷情况，采用“多油枪，小油嘴”的运行方式，力求各油枪喷油均匀，压力在1.5MPa以上，投入油枪要左、右、上、下对称。

（3）在锅炉负荷变化时，应及时调整油量和风量，保持锅炉的汽压和汽温稳定。在增加负荷时，先加风后加油；在减负荷时，先减油后减风。

（4）CO烟气投入前，要烧油或瓦斯，使炉膛温度提高到900℃以上或锅炉负荷为25t/h以上，燃烧稳定，各部温度正常，并要完成相应的报批确认手续后才能开始操作，当CO烟气达到规定指标时，方可投入。

（5）在投入CO烟气时，应缓慢增加CO烟气量，CO烟气进炉控制蝶阀后的压力比炉膛压力高30mmH_2O，保持30min，而后再加大CO烟气量，使水封罐等均匀预热。

（6）凡停烧CO烟气时应注意加大其他燃料量，保持原负荷。在停用CO烟气后，水封罐上水，以免急剧冷却造成水封罐内层钢板和衬筒严重变形或焊口裂开。

5. 锅炉排污

（1）定期排污在负荷平稳、高水位情况下进行。事故处理或负荷有较大波动时，严禁排污。若引起虚假水位报警时，连续排污也应暂时关闭。

（2）每一定排回路的排污阀全开到全关时间不准超过30s，不准同时开启两个或更多的排污阀门。

（3）排污前，应做好联系；排污时，应注意监视给水压力和水位变化，维持正常水位；排污后，应进行全面检查，确认各排污阀门关闭严密。

（4）不允许两台或两台以上的锅炉同时排污。

（5）在排污过程中，如果锅炉发生事故，应立即停止排污。

6. 钢珠除灰

（1）锅炉尾部受热面应定期除尘，当燃烧CO烟气时，每天除尘一次，在每个班次的后夜班进行。不燃烧 CO 烟气时，每星期一后夜班进行一次除尘。停烧 CO 烟气时，增加一次除尘。若排烟温度异常升高，适当增加除尘次数，每次 30min。

（2）钢珠除灰前，应做好联系。吹灰时，应保持锅炉运行正常，燃烧稳定，并注意汽温、汽压变化。

7. 自动装置运行

（1）锅炉运行时，应将自动装置投放运行，投入自动装置应同时具备下列条件。

①自动装置的调节机构完整好用。

②锅炉运行平稳，参数正常。

③锅炉蒸发量在 30t/h 以上。

（2）自动装置投入运行时，仍须监视锅炉运行参数的变化，并注意自动装置的动作情况，避免因失灵引起不良后果。

（3）遇到下列情况，解列自动装置，改自动为手动操作：

①当汽包水位变化过大，超出其允许变化范围时。

②锅炉运行不正常，自动装置不维持其运行参数在允许范围内变化或自动失灵时，应解列有关自动装置。

③外部事故，使锅炉负荷波动较大时。

④外部负荷变动过大，自动调节跟踪不及时。

⑤调节系统有问题。

8. 事故处理

锅炉系统事故现象及处理方案如表 8-1 所示。

表 8-1　锅炉系统事故现象及处理方案表

事故名称	事故现象	处理方案
锅炉满水	水位计没有注意维护，暂时失灵后正常	紧急停炉
锅炉缺水	给水泵出口的给水调节阀阀杆卡住，流量小	打开给水阀的大、小旁路，手动控制给水
对流管坏	减温器出现内漏，减温水进入过热蒸汽，使汽温下降	降低负荷
蒸汽管坏	蒸汽流量计前部蒸汽管爆破	紧急停炉
给水管坏	上水流量计前给水管破裂	紧急停炉
二次燃烧	省煤器处发生二次燃烧	紧急停炉
电源中断	电源中断	紧急停炉

紧急停炉具体步骤：

（1）上汽包停止上水

①停加药泵 P103。

②关闭上汽包液位调节阀 LV102。
③关闭上汽包与省煤器之间的再循环阀 B10。
④打开下汽包泄液阀 D43。
（2）停燃料系统
①关闭过热蒸汽调节阀 PV102。
②关闭喷射器入口阀 B17。
③关闭燃料油泵出口阀 D07。
④打开吹扫阀 B07 对火嘴进行吹扫。
（3）降低锅炉负荷
①关闭主汽阀前疏水阀 D04。
②关闭主汽阀 D17。
③打开过热蒸汽排空阀 D12 和上汽包排空阀 D26。
④停引风机 P104 和烟道挡板 D05。

五、思考与讨论

请在表 8-2 中根据设备位号写出该设备的含义。

表 8-2　　锅炉系统设备位号与含义测试

设备位号	设备含义	设备位号	设备含义
LIC101		FI108	
LIC102		LI101	
TIC101		LI102	
PIC101		PI101	
PIC102		PI102	
PIC103		PI103	
PIC104		PI104	
FI101		PI105	
FI102		TI101	
FI103		TI102	
FI104		TI103	
FI105		TI104	
FI106		TI105	
FI107			

六、项目操作结果评价

完成项目操作后，请填写结果评价表（表 8-3）。

表 8-3　　锅炉系统项目操作结果评价表

<table>
<tr><td>姓名</td><td colspan="2"></td><td>学号</td><td></td><td>班级</td><td colspan="2"></td></tr>
<tr><td>组别</td><td colspan="2"></td><td>组长</td><td></td><td>成员</td><td colspan="2"></td></tr>
<tr><td>项目名称</td><td colspan="7"></td></tr>
<tr><td>维度</td><td colspan="3">评价内容</td><td>自评</td><td>互评</td><td>师评</td><td>总评</td></tr>
<tr><td rowspan="5">知识</td><td colspan="3">掌握锅炉系统的设备结构</td><td></td><td></td><td></td><td></td></tr>
<tr><td colspan="3">掌握锅炉系统的工作原理</td><td></td><td></td><td></td><td></td></tr>
<tr><td colspan="3">掌握锅炉系统的基本工作流程</td><td></td><td></td><td></td><td></td></tr>
<tr><td colspan="3">掌握锅炉系统工作过程中关键参数的调控</td><td></td><td></td><td></td><td></td></tr>
<tr><td colspan="3">掌握锅炉系统典型故障的现象和解决方案</td><td></td><td></td><td></td><td></td></tr>
<tr><td rowspan="5">能力</td><td colspan="3">能够根据开车操作规程，进行锅炉系统开车操作</td><td></td><td></td><td></td><td></td></tr>
<tr><td colspan="3">能够根据停车操作规程，进行锅炉系统停车操作</td><td></td><td></td><td></td><td></td></tr>
<tr><td colspan="3">能够根据温度等参数的运行，判断参数的波动和程度</td><td></td><td></td><td></td><td></td></tr>
<tr><td colspan="3">能够正确处理参数的波动，保持装置稳定运行</td><td></td><td></td><td></td><td></td></tr>
<tr><td colspan="3">能够及时正确判断事故类型，并且妥善处理事故</td><td></td><td></td><td></td><td></td></tr>
<tr><td rowspan="5">素质</td><td colspan="3">具备诚实守信、爱岗敬业、精益求精的职业素养</td><td></td><td></td><td></td><td></td></tr>
<tr><td colspan="3">在工作中具备较强的表达能力和沟通能力</td><td></td><td></td><td></td><td></td></tr>
<tr><td colspan="3">具备严格遵守操作规程的意识</td><td></td><td></td><td></td><td></td></tr>
<tr><td colspan="3">具备安全用电，正确防火、防爆、防毒意识</td><td></td><td></td><td></td><td></td></tr>
<tr><td colspan="3">主动思考技术难点，具备一定的创新能力</td><td></td><td></td><td></td><td></td></tr>
<tr><td colspan="2">总结反思</td><td colspan="6"></td></tr>
</table>

拓展阅读

绿色发展——破解“化工围江”

“我们生产的黑磷产品，过去以吨卖，现在以克卖，可以和贵重金属价格媲美。”2022 年 10 月 22 日，来自湖北的党的二十大代表李国璋在二十大“党代表通道”上自豪地说。

李国璋是湖北兴发化工集团股份有限公司（以下简称“兴发集团”）的党委书记、董事长。28年前成立的兴发集团，位于长江边的昭君故里——湖北省宜昌市兴山县，现已发展成为一家以磷化工系列产品和精细化工产品开发、生产和销售为主业的公司，跻身中国上市公司500强。

2021年，兴发集团销售收入459亿元、利润50.11亿元、上缴税费11.11亿元、出口创汇11.05亿美元，利税比5年前增长了4倍多。同样令李国璋自豪的还有环境的变化。“如今站在我们工厂看长江，是一渊碧水、两岸青山。”

效益好了，环境美了，李国璋面对记者并不讳言曾经的“心痛”：拆掉在江边正在生产的32套装置，腾出岸线950m并全部进行绿化，关闭公司所有的长江排污口，投资12亿元建设污水处理再利用装置。

破解“化工围江”难题的兴发集团，虽有阵痛，但坚定地选择了走绿色转型发展之路，并在2021年牵头组建了湖北三峡实验室，专门研究开发稀缺的化工新材料。自党中央提出把修复长江生态环境摆在压倒性位置以来，自幼生活在长江边的李国璋见证了长江生态环境好转。他在分享兴发集团转型之路时说，我们牢记习近平总书记的嘱托，用壮士断腕的决心，立即行动了起来。

一座城守护一条江，一条江成就一座城。而今，站在曾经化工企业林立的长江岸边（图8-5），满眼绿意盎然，江豚逐浪，麋鹿撒欢……

图8-5　化工企业林立的长江岸边

模块四
传质分离操作实训

项目九

精馏塔单元

学习目标

【知识目标】

（1）掌握精馏塔的设备结构。

（2）掌握精馏塔的工作原理。

（3）掌握精馏塔的基本工作流程。

（4）掌握精馏塔工作过程中关键参数的调控。

（5）掌握精馏塔典型故障的现象和解决方案。

【能力目标】

（1）能够根据开车操作规程，进行精馏塔开车操作。

（2）能够根据停车操作规程，进行精馏塔停车操作。

（3）能够根据温度等参数的运行，判断参数的波动和程度。

（4）能够正确处理参数的波动，保持装置稳定运行。

（5）能够及时正确判断事故类型，并且妥善处理事故。

【素质目标】

（1）具备诚实守信、爱岗敬业、精益求精的职业素养。

（2）在工作中具备较强的表达能力和沟通能力。

（3）具备严格遵守操作规程的意识。

（4）具备安全用电，正确防火、防爆、防毒意识。

（5）主动思考技术难点，具备一定的创新能力。

项目导言

精馏塔是进行精馏的一种塔式气液接触装置（图 9-1）。利用混合物中各组分具有不同的挥发度，即在同一温度下各组分的蒸气压不同这一性质，使液相中的轻组分（低沸物）转移到气相中，而气相中的重组分（高沸物）转移到液相中，从而实现分离的目的。精馏塔也是石油化工生产中应用极为广泛的一种传质传热装置。

图 9-1　精馏塔

精馏过程所用的设备称为精馏塔，大体上可以分为两大类：①板式塔：气液两相总体上作多次逆流接触，每层板上气液两相一般作交叉流接触（图 9-2）。②填料塔：气液两相作连续逆流接触（图 9-3）。

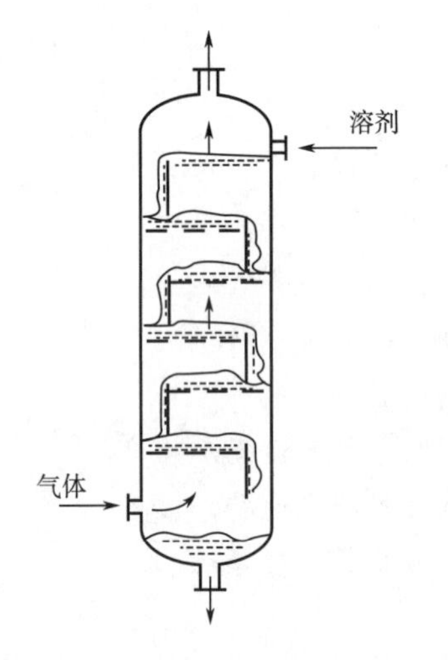

图 9-2　板式塔

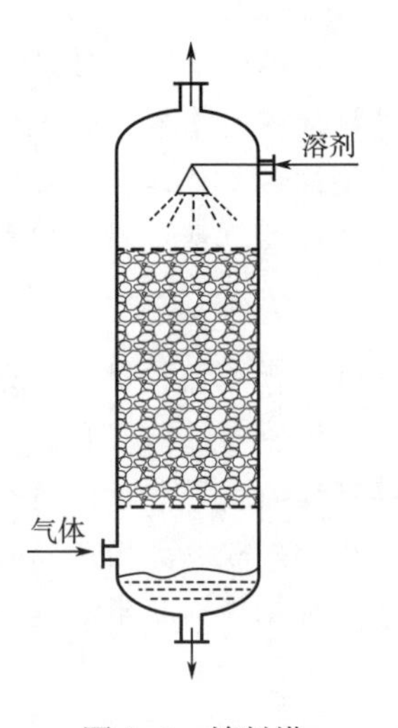

图 9-3　填料塔

一般的精馏装置由精馏塔塔身、冷凝器、回流罐以及再沸器等设备组成。进料从精馏塔中某段塔板上进入塔内，这块塔板称为进料板。进料板将精馏塔分为上下两段，进料板以上部分称为精馏段，进料板以下部分称为提馏段。

项目任务

一、工艺流程简介

本流程是利用精馏方法，在脱丁烷塔中将丁烷从脱丙烷塔釜混合物中分离出来。精馏是将液体混合物部分汽化，利用其中各组分相对挥发度的不同，通过液相和气相间的质量传递来实现对混合物分离。本装置中将脱丙烷塔釜混合物部分汽化，由于丁烷的沸点较低，即其挥发度较高，故丁烷易于从液相中汽化出来，再将汽化的蒸气冷凝，可得到丁烷组成高于原料的混合物，经过多次汽化冷凝，即可达到分离混合物中丁烷的目的。

本工艺为单独进行精馏塔技能培训而设计，其工艺流程（参考流程仿真界面）如图 9-4 所示。

原料为 67.8℃脱丙烷塔的釜液（主要有 C4、C5、C6、C7 等），由脱丁烷塔（DA405）的第 16 块板进料（全塔共 32 块板），进料量由流量控制器 FIC101 控制。灵敏板温度由调节器 TC101 通过调节再沸器加热蒸汽的流量，来控制提馏段灵敏板温度，从而控制丁烷的分离质量。

脱丁烷塔塔釜液（主要为 C5 以上馏分）一部分作为产品采出，一部分经再沸器（EA418A、B）部分汽化为蒸气从塔底上升。塔釜的液位和塔釜产品采出量由 LC101 和 FC102 组成的串级控制器控制。再沸器采用低压蒸汽加热。塔釜蒸汽缓冲罐（FA414）液位由液位控制器 LC102 调节底部采出量控制。

塔顶的上升蒸气（C4 馏分和少量 C5 馏分）经塔顶冷凝器（EA419）全部冷凝成液体，该冷凝液靠位差流入回流罐（FA408）。塔顶压力 PC102 采用分程控制：在正常的压力波动下，通过调节塔顶冷凝器的冷却水量来调节压力，当压力超高时，压力报警系统发出报警信号，PC102 调节塔顶至回流罐的排气量来控制塔顶压力进而调节气相出料。操作压力 4.25atm，高压控制器 PC101 将调节回流罐的气相排放量，来控制塔内压力稳定。冷凝器以冷却水为载热体。回流罐液位由液位控制器 LC103 调节塔顶产品采出量来维持恒定。回流罐中的液体一部分作为塔顶产品送至下一工序，另一部分液体由回流泵（GA412A、B）送回塔顶作为回流，回流量由流量控制器 FC104 控制。

装置冷态开工状态为精馏塔单元处于常温、常压氮吹扫完毕后的氮封状态，所有阀门、机泵处于关停状态。

二、 DCS 图、现场图

精馏塔仿真单元 DCS 与现场图如图 9-5 与图 9-6 所示。

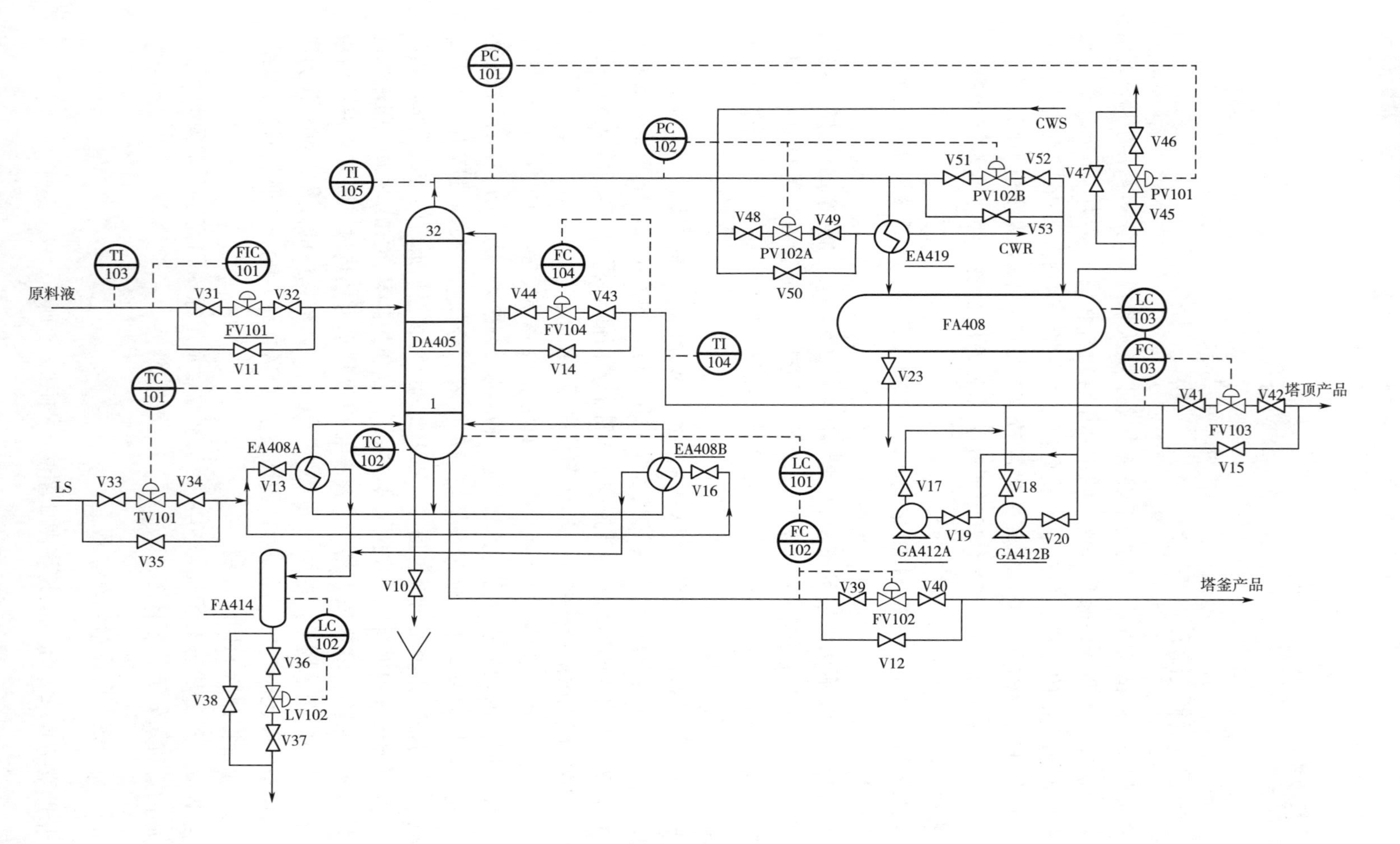

图 9-4　精馏塔技能培训工艺流程图

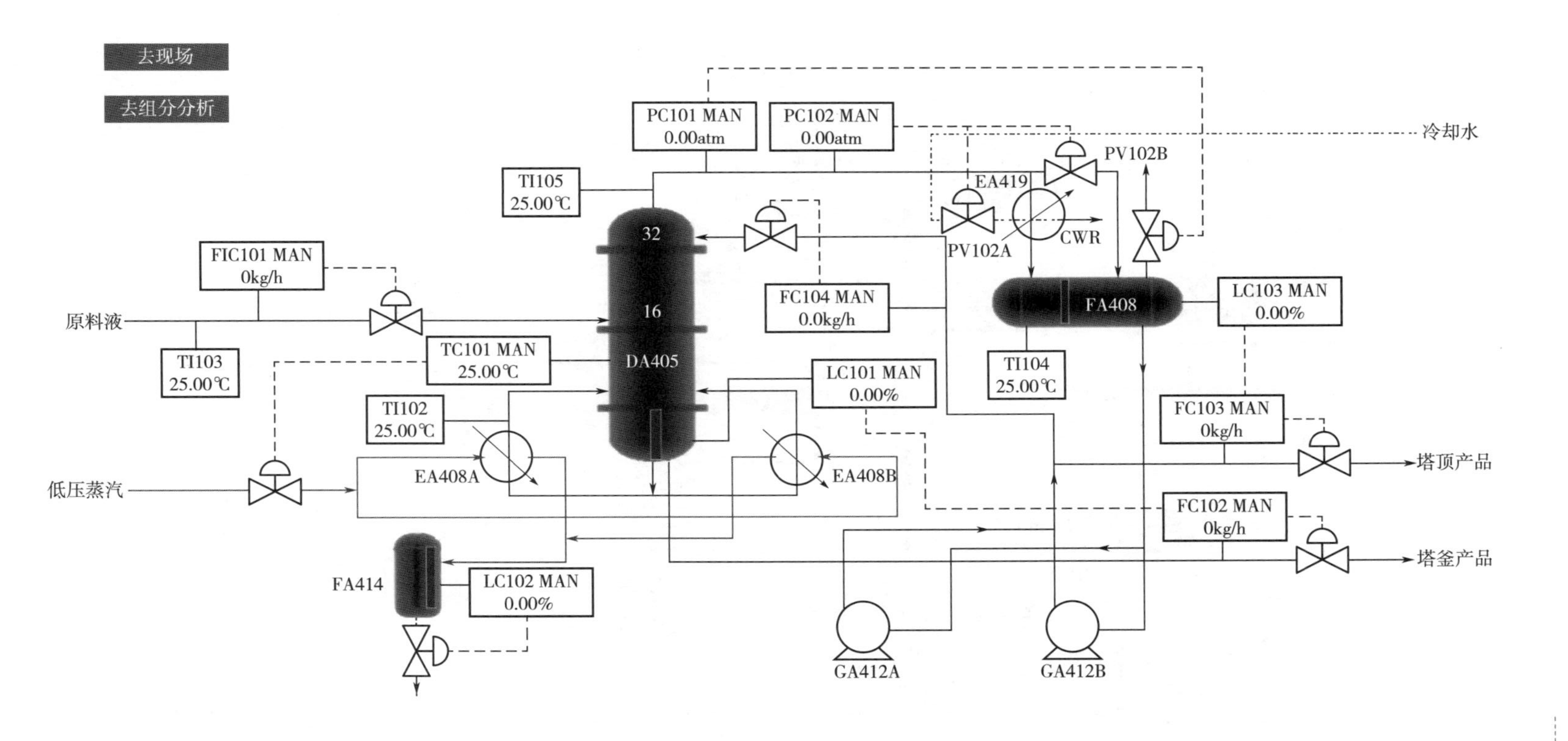

图 9-5　精馏塔仿真单元DCS图

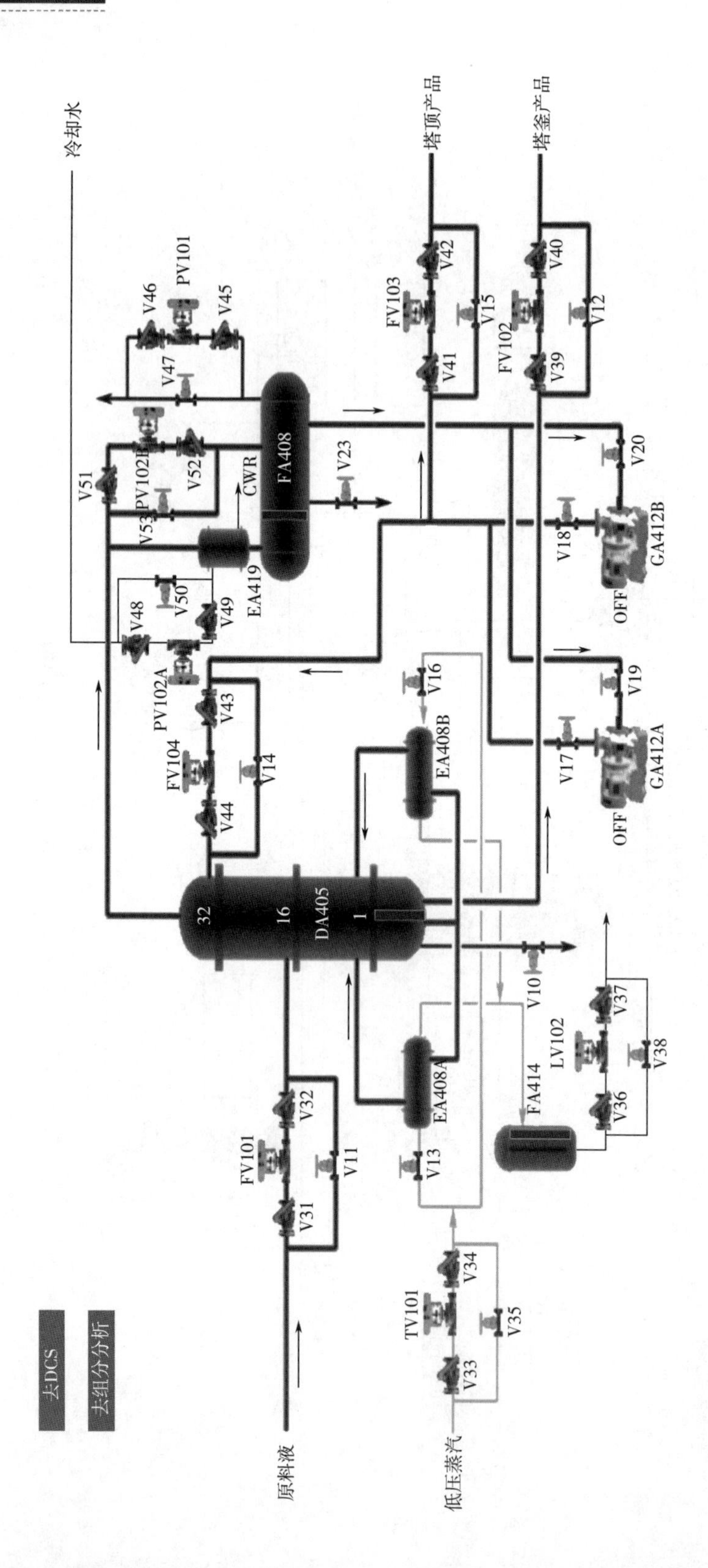

图 9-6 精馏塔仿真单元现场图

三、操作步骤

（一）冷态开车

1. 进料过程

（1）开 FA408 顶放空阀 PC101 排放不凝气，稍开 FIC101 调节阀（不超过 20%），向精馏塔进料。

（2）进料后，塔内温度略升，压力升高。当压力 PC101 升至 0.5atm 时，关闭 PC101 调节阀投自动，并控制塔压不超过 4.25atm（如果塔内压力大幅波动，改回手动调节稳定压力）。

2. 启动再沸器

（1）当压力 PC101 升至 0.5atm 时，打开冷凝水 PC102 调节阀至 50%；塔压基本稳定在 4.25atm 后，可加大塔进料（FIC101 开至 50%左右）。

（2）待塔釜液位 LC101 升至 20%以上时，开加热蒸汽入口阀 V13，再稍开 TC101 调节阀，给再沸器缓慢加热，并调节 TC101 阀开度使塔釜液位 LC101 维持在 40%~60%。待 FA414 液位 LC102 升至 50%时，投自动，设定值为 50%。

3. 建立回流

随着塔进料增加和再沸器、冷凝器的投用，塔压会有所升高，回流罐逐渐积液。

（1）塔压升高时，通过开大 PC102 的输出，改变塔顶冷凝器冷却水量和旁路量来控制塔压稳定。

（2）当回流罐液位 LC103 升至 20%以上时，先开回流泵 GA412A/B 的入口阀 V19，再启动泵，再开出口阀 V17，启动回流泵。

（3）通过 FC104 的阀开度控制回流量，维持回流罐液位不超过最高允许液位，同时逐渐关闭进料，全回流操作。

4. 调整至正常

（1）当各项操作指标趋近正常值时，打开进料阀 FIC101。

（2）逐步调整进料量 FIC101 至正常值。

（3）通过 TC101 调节再沸器加热量使灵敏板温度 TC101 达到正常值。

（4）逐步调整回流量 FC104 至正常值。

（5）开 FC103 和 FC102 出料，注意塔釜、回流罐液位。

（6）将各控制回路投自动，各参数稳定并与工艺设计值吻合后，投入产品采出串级。

（二）正常停车

1. 降负荷

（1）逐步关小 FIC101 调节阀，降低进料至正常进料量的 70%。

（2）在降负荷过程中，保持灵敏板温度 TC101 的稳定性和塔压 PC102 的稳定，使精馏塔分离出合格产品。

（3）在降负荷过程中，尽量通过 FC103 排出回流罐中的液体产品，至回流罐液位 LC104 在 20%左右。

（4）在降负荷过程中，尽量通过 FC102 排出塔釜产品，使 LC101 降至 30%左右。

2. 停进料和再沸器

在负荷降至正常的 70%，且产品已大部分采出后，停进料和再沸器。

（1）关 FIC101 调节阀，停精馏塔进料。

（2）关 TC101 调节阀和 V13 或 V16 阀，停再沸器的加热蒸汽。

（3）关 FC102 调节阀和 FC103 调节阀，停止产品采出。

（4）打开塔釜泄液阀 V10，排不合格产品，并控制塔釜降低液位。

（5）手动打开 LC102 调节阀，对 FA114 泄液。

3. 停回流

（1）停进料和再沸器后，回流罐中的液体全部通过回流泵打入塔，以降低塔内温度。

（2）当回流罐液位至 0 时，关 FC104 调节阀，关泵出口阀 V17/V18，停泵 GA412A/GA412B，关入口阀 V19/V20，停回流。

（3）开泄液阀 V10 排净塔内液体。

4. 降压、降温

（1）打开 PC101 调节阀，将塔压降至接近常压后，关 PC101 调节阀。

（2）全塔温度降至 50℃左右时，关塔顶冷凝器的冷却水（PC102 的输出至 0）。

（三）正常运行管理及事故处理

1. 热蒸汽压力过高

现象：加热蒸汽的流量增大，塔釜温度持续上升。

处理：适当减小 TC101 的阀门开度。

2. 热蒸汽压力过低

现象：加热蒸汽的流量减小，塔釜温度持续下降。

处理：适当增大 TC101 的阀门开度。

3. 冷凝水中断

现象：塔顶温度上升，塔顶压力升高。

处理：①开回流罐放空阀 PC101 保压。

②手动关闭 FIC101，停止进料。

③手动关闭 TC101，停加热蒸汽。

④手动关闭 FC103 和 FC102，停止产品采出。

⑤开塔釜排液阀 V10，排不合格产品。
⑥手动打开 LIC102，对 FA114 泄液。
⑦当回流罐液位为 0 时，关闭 FIC104。
⑧关闭回流泵出口阀 V17/V18。
⑨关闭回流泵 GA424A/GA424B。
⑩关闭回流泵入口阀 V19/V20。
⑪待塔釜液位为 0 时，关闭泄液阀 V10。
⑫待塔顶压力降为常压后，关闭冷凝器。

4. 停电

现象：回流泵 GA412A 停止，回流中断。

处理：①手动开回流罐放空阀 PC101 泄压。
②手动关进料阀 FIC101。
③手动关出料阀 FC102 和 FC103。
④手动关加热蒸汽阀 TC101。
⑤开塔釜排液阀 V10 和回流罐泄液阀 V23，排不合格产品。
⑥手动打开 LIC102，对 FA114 泄液。
⑦当回流罐液位为 0 时，关闭 V23。
⑧关闭回流泵出口阀 V17/V18。
⑨关闭回流泵 GA424A/GA424B。
⑩关闭回流泵入口阀 V19/V20。
⑪待塔釜液位为 0 时，关闭泄液阀 V10。
⑫待塔顶压力降为常压后，关闭冷凝器。

5. 回流泵故障

现象：GA412A 断电，回流中断，塔顶压力、温度上升。

处理：①开备用泵入口阀 V20。
②启动备用泵 GA412B。
③开备用泵出口阀 V18。
④关闭运行泵出口阀 V17。
⑤停运行泵 GA412A。
⑥关闭运行泵入口阀 V19。

6. 回流控制阀 FC104 阀卡

现象：回流量减小，塔顶温度上升，压力增大。

处理：打开旁路阀 V14，保持回流。

四、思考与讨论

请在表 9-1 中根据设备位号写出设备名称，或者根据设备名称写出设备位号。

表 9-1　　精馏塔设备位号与名称测试

设备位号	设备名称	设备位号	设备名称
FIC101		LC101	
FC102			塔釜蒸汽缓冲罐液位控制
FC103		LC103	
FC104		TI102	
	塔顶压力控制	TI103	
	塔顶压力控制		回流温度
	灵敏板温度控制		塔顶气温度

五、项目操作结果评价

完成项目操作后，请填写结果评价表（表 9-2）。

表 9-2　　精馏塔项目操作结果评价表

姓名		学号		班级			
组别		组长		成员			
项目名称							
维度	评价内容			自评	互评	师评	总评
知识	掌握精馏塔的设备结构						
	掌握精馏塔的工作原理						
	掌握精馏塔的基本工作流程						
	掌握精馏塔工作过程中关键参数的调控						
	掌握精馏塔典型故障的现象和解决方案						
能力	能够根据开车操作规程，进行精馏塔开车操作						
	能够根据停车操作规程，进行精馏塔停车操作						
	能够根据温度等参数的运行，判断参数的波动和程度						
	能够正确处理参数的波动，保持装置稳定运行						
	能够及时正确判断事故类型，并且妥善处理事故						
素质	具备诚实守信、爱岗敬业、精益求精的职业素养						
	在工作中具备较强的表达能力和沟通能力						
	具备严格遵守操作规程的意识						
	具备安全用电，正确防火、防爆、防毒意识						
	主动思考技术难点，具备一定的创新能力						
总结反思							

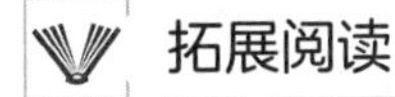

拓展阅读

余国琮：60 多年前突破“卡脖子”技术的人

留学归国

1922 年 11 月 18 日，余国琮出生于广州西关一个普通家庭。全面抗日战争时期，余国琮的两个哥哥在逃难中遭遇轰炸，一个不幸身亡，一个身负重伤。亲眼看着繁华、温馨的故园转瞬倾覆，年仅 16 岁的余国琮饱尝了国仇家恨。

一家人辗转到香港，余国琮从香港考上了西南联大。乱世硝烟，这里放不下一张安静的书桌，轰炸机一来，师生们就纷纷“跑警报”。但这里恰能盛放许许多多有志青年的才华和热血。余国琮接受了全面系统的化学理论教育，为后来的道路奠定了基础。

1943 年年底，余国琮考上了美国密歇根大学。自此，他开始崭露头角。导师库尔教授赏识他，支持他留校任教，指导他在学术刊物上发表了 6 篇论文。他们提出的“余—库”方程长期被专著、手册采用。

年仅 28 岁，余国琮的名字就被列入了美国科学家名录。库尔教授无比倚重、信赖他，把家里的钥匙也交给他一把。在美国，余国琮的人生将是可预见的春风得意。

然而，很多人不知道，余国琮还担任着留美中国科学工作者协会的首届理事，这是一个动员留学生回国参与新中国建设的组织。

1950 年 8 月，余国琮向匹兹堡大学“请假一个月”，声称要回香港探望母亲。当时香港仍在英国的殖民统治下，他办了一个英国的签证，同时也办了一个重返美国的签证，巧妙避开了当局的怀疑。没有人发现他的真实意图，唯独当他打电话向库尔教授告别时，从恩师的声音里听出了一丝颤抖。

跨越重洋，劈波斩浪，余国琮回到了阔别 6 年的祖国。

分离重水

早在余国琮回国前，就有一个位子等着他。一位友人早就告诉他：唐山工学院开办了化工系，急需师资。因此，尽管上海交通大学、北京大学纷纷向他递来橄榄枝，他还是义无反顾地来到了“一穷二白”的唐山工学院化工系。

余国琮不仅自己来，还动员了 5 位“海归”学者、2 位国内老师一起来搞建设。他在化工系建立了一个化学实验基地。1952 年夏，全国高校院系调整，唐山工学院化工系并入天津大学，余国琮也被调进天津大学化工系。就在这看似平淡无奇甚至有些简陋的地方，他人生最华彩的一页悄然开启。

当时，我国炼油工业刚刚起步，其中一个非常关键的基础环节叫蒸馏（现称精馏）。余国琮敏锐地意识到这一产业对国家的重大意义，就开始了相关领域的科研攻关。

在他的指导下，1954 年天津大学化工系建立了我国第一套大型塔板实验装置。

1956年，余国琮撰写的论文《关于蒸馏塔内液体流动阻力的研究》引起化工部领导的注意，被邀请参与精馏塔标准化的大型实验研究。天津大学的“蒸馏”科研项目也被列入“十二年科技规划”。

1959年5月28日，余国琮的实验室迎来了一位贵客。周恩来总理来到天津大学视察，重点考察了余国琮所在的重水浓缩研究实验室。他紧紧握住余国琮的手，嘱托他解决那个“卡我们脖子”的问题。

重水是由氘和氧组成的化合物，也称为氧化氘。乍看上去，重水跟普通的水非常相似，但它在原子能技术中有非常重要的应用空间。制造核武器，就需要重水做核反应堆的减速剂。

余国琮使命在肩，奋勇攻关，终于提取出了纯度高达99.9%的重水，解决了新中国核技术起步阶段的燃眉之急，为“两弹一星”的成功作出了重要贡献。他开发的浓缩重水的“两塔法”技术作为我国唯一的重水自主生产技术，一直被沿用至今。

余国琮不仅突破了“卡脖子”的技术，还发展了一支宝贵的技术人才队伍。他和同事成立的稳定同位素专门化专业，培养了4届共计40余名毕业生。

驰援大庆

20世纪80年代初，大庆油田斥资从美国引进一套先进的负压闪蒸原油稳定装置。如果运行顺利，这套装置一年可创造利润50亿元。然而，装置投产后，轻烃回收率一直达不到生产要求，美国公司副总裁带着专家来调试了两个月，解决不了问题，干脆赔偿一部分钱了事。但是，大庆人看着急啊，装置一天不能正常运行，巨大的经济效益就流失一天。终于，他们慕名请来了余国琮团队。

余国琮带着助手王世昌等人赶赴现场，对装置中的一些结构进行了修改，对一些运行参数进行了调整。结果轻烃回收率不仅达到原设计指标，还超过了预期；同时装置的整体性能得到了显著改善。整个大庆油田都为之震动！

自此，余国琮就成了著名的“主刀医生”，专门给大型装置做“手术”。

余国琮在漫长的学术生涯中，为我国化工事业立下了赫赫之功。他凭借丰硕的研究成果，打造了世界上开展精馏基础研究最为深入的学术机构之一，促成了为期近十年的中英合作研究。在他研究成果的基础上，衍生了一系列应用技术，在我国化工、石油化工、炼油以及空分等大型流程工业领域得到了广泛应用。

进入耄耋之年后，余国琮依然不落征帆，继续耕耘在科教园地，80多岁仍站在讲台上授课，90多岁还在伏案工作。他这一生漫长、充实，而得其所哉。

项目十

双塔精馏单元

学习目标

【知识目标】

（1）掌握双塔精馏装置的设备结构。

（2）掌握双塔精馏装置的工作原理。

（3）掌握双塔精馏装置的基本工作流程。

（4）掌握双塔精馏装置工作过程中关键参数的调控。

（5）掌握双塔精馏装置典型故障的现象和解决方案。

【能力目标】

（1）能够根据开车操作规程，进行双塔精馏装置开车操作。

（2）能够根据停车操作规程，进行双塔精馏装置停车操作。

（3）能够根据温度等参数的运行，判断参数的波动和程度。

（4）能够正确处理参数的波动，保持装置稳定运行。

（5）能够及时正确判断事故类型，并且妥善处理事故。

【素质目标】

（1）具备诚实守信、爱岗敬业、精益求精的职业素养。

（2）在工作中具备较强的表达能力和沟通能力。

（3）具备严格遵守操作规程的意识。

（4）具备安全用电，正确防火、防爆、防毒意识。

（5）主动思考技术难点，具备一定的创新能力。

项目导言

双塔精馏单元复杂控制回路主要是串级回路的使用，在轻组分脱除塔、产品精制塔和塔顶回流罐中都使用了液位与流量串级回路（图 10-1）。塔釜再沸器中使用了温度与流量的串级回路。串级回路是在简单调节系统基础上发展起来的。在结构上，串级回路调节系统有两个闭合回路。主、副调节器串联，主调节器的输出作为副调节器的给定值，系统通过副调节器的输出操纵调节阀动作，实现对主参数的定值调节。因此，在串级回路调节系统中，主回路是定值调节系统，副回路是随动系统。

图 10-1　双塔精馏装置

项目任务

一、工艺流程简介

精馏是化工、石油化工、炼油生产过程中应用极为广泛的传质传热过程。精馏的目的是将混合液中各组分分离并达到规定的纯度要求。精馏过程的实质是利用混合物中各组分具有不同的挥发度，即同一温度下各组分的蒸汽分压不同，使液相中的轻组分转移到气相，气相中的重组分转移到液相，实现组分的分离。精馏原理是多次而且同时运用部分气化和部分冷凝的方法，使混合液得到较完全分离，以分别获得接近纯组分的操作，理论上多次部分气化在液相中可获得高纯度的难挥发组分，多次部分冷凝在气相中可获得高纯度的易挥发组分，但因产生大量中间组分而使产品量极少，且设备庞大。工业生产中的精馏过程是在精馏塔中将部分气化过程和部分冷凝过程有机结合而实现操作的。

精馏塔是提供混合物气、液两相接触条件，实现传质过程的设备。该设备可分为两类，一类是板式精馏塔，第二类是填料精馏塔。板式塔为一圆形筒体，塔内设多层塔板，塔板上设有气、液两相通道。塔板具有多种不同类型，在生产中得到广泛的应用。混合物的气、液两相在塔内逆向流动，气相从下至上流动，液相依靠重力自上向下流动，在塔板上接触进行传质。两相在塔内各板逐级接触中，使两相的组成发生阶跃式的变化，故称板式塔为逐级接触设备。填料塔内装有大比表面积和高空隙率的填料，不同填料具有不同的比表面积和空隙率，因此，在传质过程中具有不同的性能。填料具有各种不同类型，装填方式分散装和整装两种。视分离混合物的特性及操作条件，选择不同的填料。当回流液或料液进入时，将填料表面润湿，液体在填料表面展为液膜，流下时又汇成液滴，当流到另一填料时，又重展成新的液膜。当气相从塔底进入时，在填料孔隙内沿塔高上升，与展在填料上的液沫连续接触，进行传质，使气、液两相发生连续的变化，故称填料塔为微分接触设备。

双塔精馏指的是两塔串联起来进行精馏的过程。核心设备为轻组分脱除塔和产品精制塔。

轻组分脱除塔将原料中的轻组分从塔顶蒸出，蒸出的轻组分作为产品或回收利用，塔釜产品直接送入产品精制塔进一步精制。产品精制塔塔顶得到最终产品，塔釜的重组分物质经过处理后排放或回收利用。双塔精馏仿真软件可以帮助理解双塔精馏操作原理及轻重组分的概念。

本流程是以丙烯酸甲酯生产流程中的醇拨头塔和酯提纯塔为依据进行仿真，其工艺流程如图 10-2 所示。醇拨头塔对应仿真单元里的轻组分脱除塔 T150，酯提纯塔对应仿真单元里的产品精制塔 T160。醇拨头塔为精馏塔，利用精馏的原理，将主物流中少部分的甲醇从塔顶蒸出，含有甲酯和少部分重组分的物流从塔底排出至 T160，并进一步分离。酯提纯塔 T160 塔顶分离出产品甲酯，塔釜分离出的重组分产品返回至废液罐进行再处理或回收利用。

原料液由轻组分脱除塔中部进料，进料量不可控制。灵敏板温度由调节器 TIC140 通过调节再沸器加热蒸汽的流量，来控制提馏段灵敏板温度，从而控制醇的分离质量。轻组分脱除塔塔釜液（主要为甲酯及重组分）作为产品精制塔的原料直接进入产品精制塔。塔釜的液位和塔釜产品采出量由 LIC119 和 FIC141 组成的串级控制器控制。再沸器采用低压蒸汽加热。塔顶的上升蒸气（主要是甲醇）经塔顶冷凝器（E152）全部冷凝成液体，该冷凝液靠位差流入回流罐（V151）。V151 为油水分离罐，油相一部分作为塔顶回流，一部分作为塔顶产品送下一工序，水相直接回收到醇回收塔。操作压力 61.38kPa，控制器 PIC128 将调节回流罐的气相排放量，来控制塔内压力稳定。冷凝器以冷却水为载热体。回流罐水相液位由液位控制器 LIC128 调节塔顶产品采出量来维持恒定。回流罐油相液位由液位控制器 LIC121 调节塔顶产品采出量来维持恒定。另一部分液体由回流泵（P151A、B）送回塔顶作为回流，回流量由流量控制器 FIC142 控制。

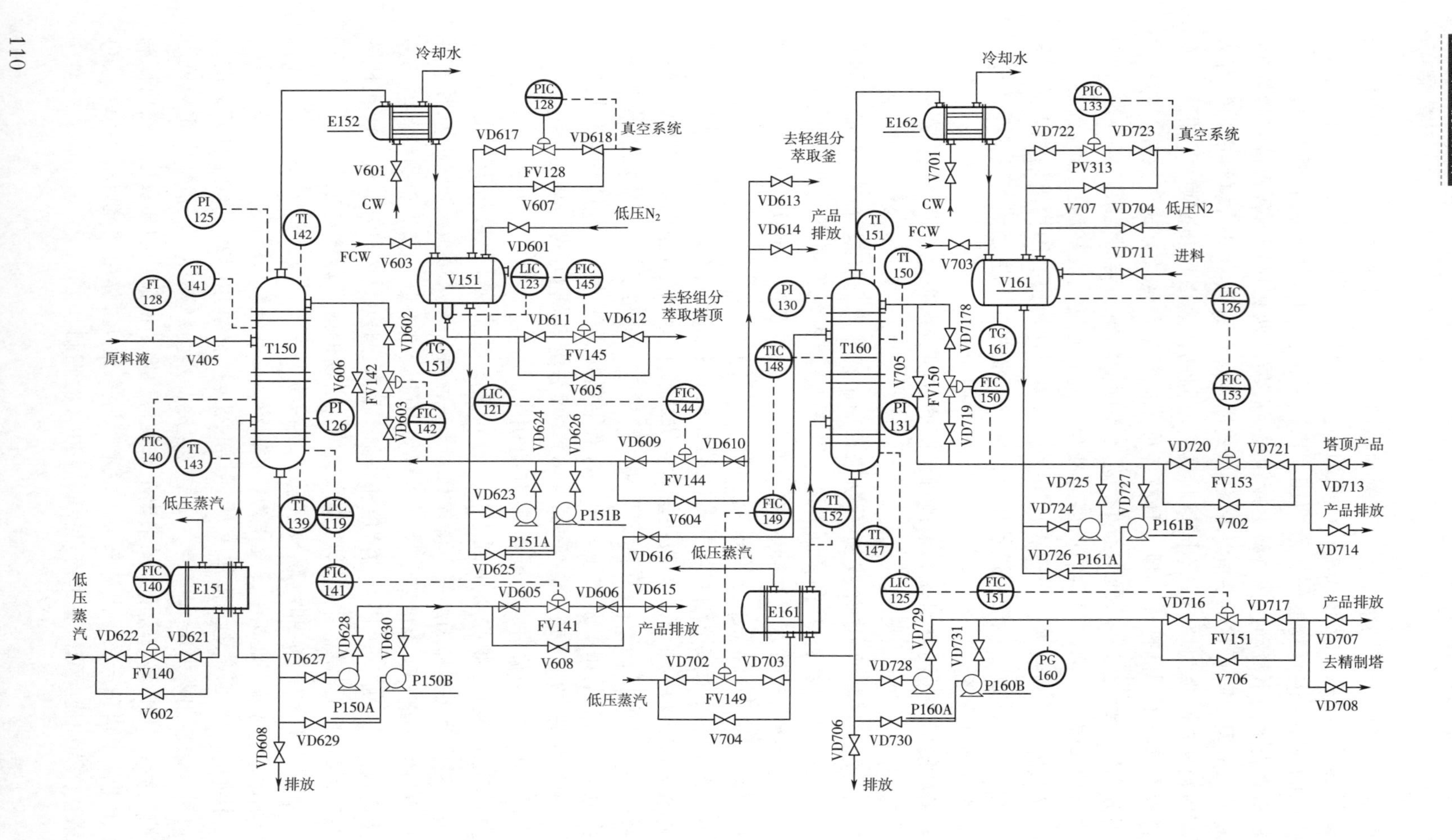

图 10-2　双塔精馏技能培训工艺流程图

由轻组分脱除塔塔釜来的原料进入产品精制塔中部，进料量由 FIC141 控制。灵敏板温度由调节器 TIC148 通过调节再沸器加热蒸汽的流量，来控制提馏段灵敏板温度，从而控制醇的分离质量。产品精制塔塔釜液（主要为重组分）直接采出回收利用。塔釜的液位和塔釜产品采出量由 LIC1259 和 FIC151 组成的串级控制器控制。再沸器采用低压蒸汽加热。塔顶的上升蒸气（主要是甲酯）经塔顶冷凝器（E162）全部冷凝成液体，该冷凝液靠位差流入回流罐（V161）。塔顶产品，一部分作为回流液返回产品精制塔，回流量由流量控制器 FIC142 控制，一部分作为最终产品采出。操作压力 21.29kPa，控制器 PIC133 将调节回流罐的气相排放量来控制塔内压力稳定。冷凝器以冷却水为载热体。回流罐液位由液位控制器 LIC126 调节塔顶产品采出量来维持恒定。

二、 DCS 图、现场图

双塔精馏仿真单元总貌、DCS 与现场图如图 10-3 至图 10-7 所示。

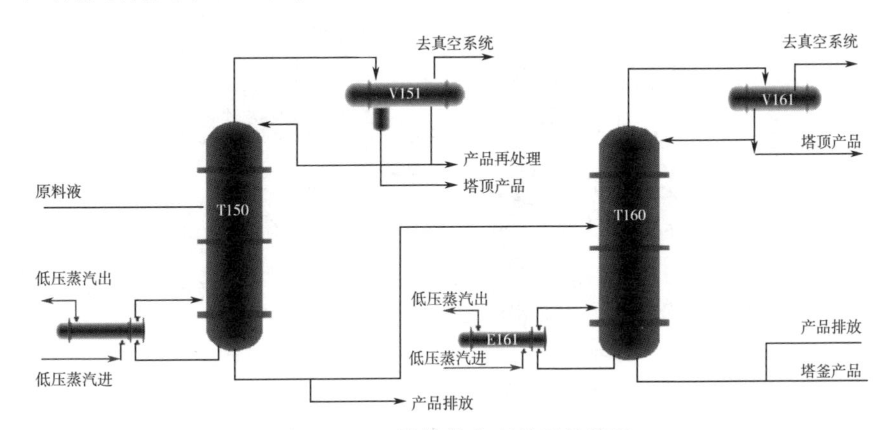

图 10-3 双塔精馏仿真单元总貌图

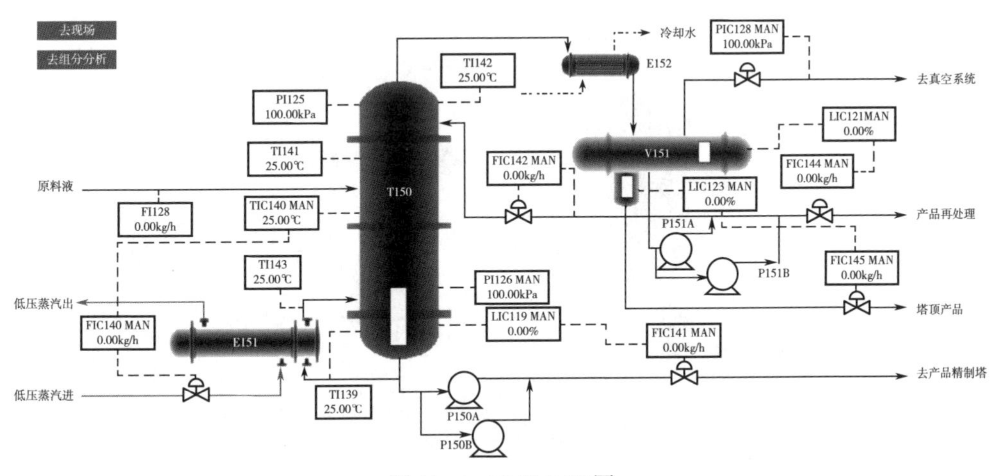

图 10-4 T150 DCS 图

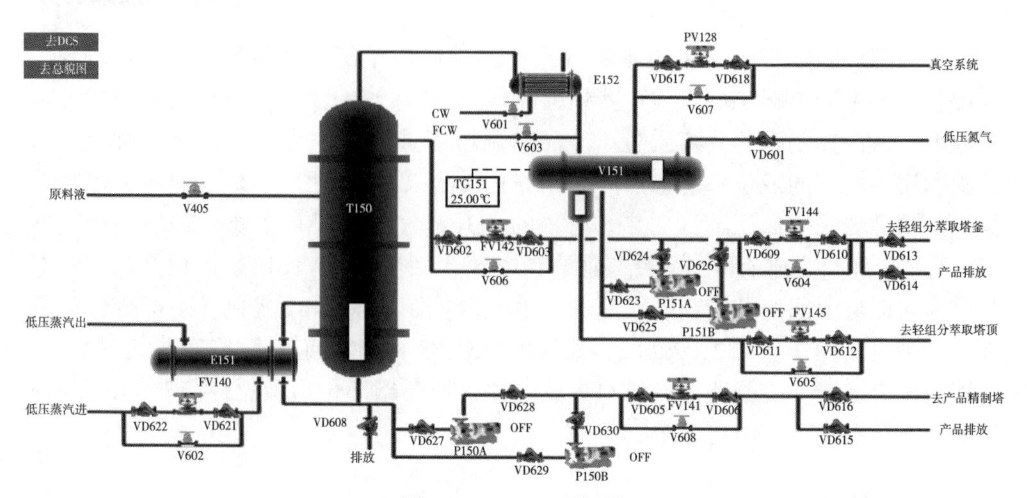

图 10-5　T150 现场图

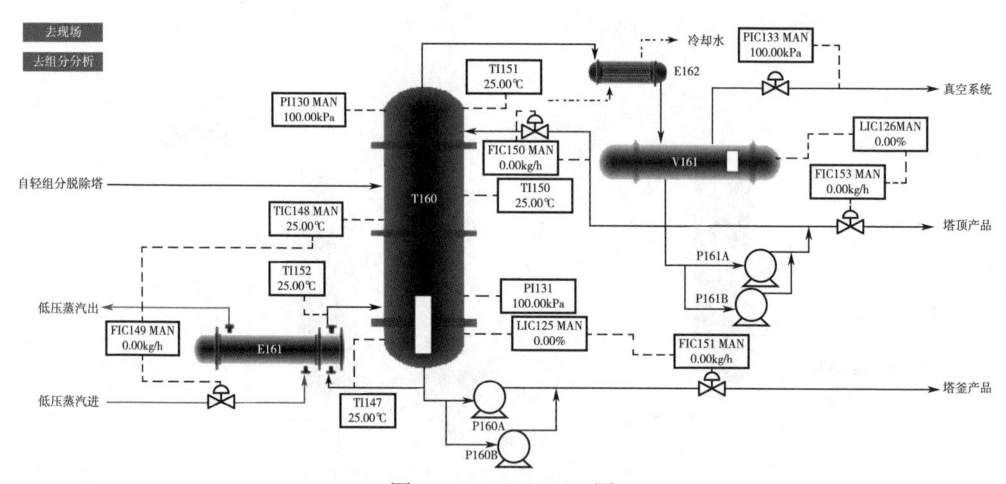

图 10-6　T160 DCS 图

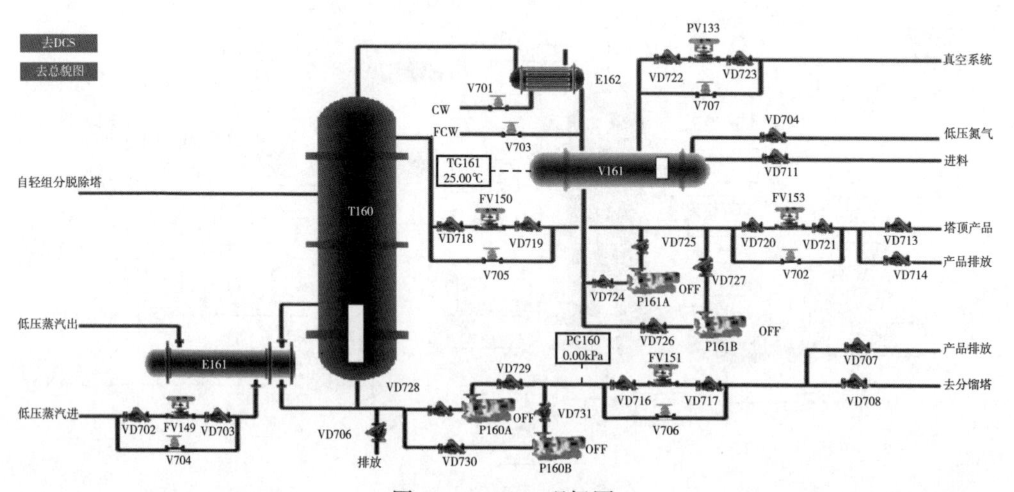

图 10-7　T160 现场图

三、操作步骤

（一）冷态开车

1. 抽真空

（1）打开压力控制阀 PV128 前阀 VD617，给 T150 系统抽真空。

（2）打开压力控制阀 PV128 后阀 VD618，给 T150 系统抽真空。

（3）打开压力控制阀 PV128，给 T150 系统抽真空，直到压力接近 60kPa。

（4）打开压力控制阀 PV133 前阀 VD722，给 T160 系统抽真空。

（5）打开压力控制阀 PV133 后阀 VD723，给 T160 系统抽真空。

（6）打开压力控制阀 PV133，给 T160 系统抽真空，直到压力接近 20kPa。

（7）V151 罐压力稳定在 61.33kPa 后，将 PIC128 设置为自动。

（8）V161 罐压力稳定在 20.7kPa 后，将 PIC133 设置为自动。

（9）调节控制阀 PV128 的开度，控制 V151 罐压力为 61.33kPa。

（10）调节控制阀 PV133 的开度，控制 V161 罐压力为 20.7kPa。

2. T160、V161 脱水

（1）打开阀 VD711，引轻组分产品洗涤回流罐 V161。

（2）待 V161 液位达到 10%后，打开 P161A 泵入口阀 VD724。

（3）启动 P161A。

（4）打开 P161A 泵出口阀 VD725。

（5）打开控制阀 FV150 及其前后阀 VD718、VD719，引轻组分洗涤 T160。

（6）待 T160 底部液位达到 5%后，关闭轻组分进料阀 VD711。

（7）待 V161 中洗液全部引入 T160 后，关闭 P161A 泵出口阀 VD725。

（8）关闭 P161A。

（9）关闭 P161A 泵入口阀 VD724。

（10）关闭控制阀 FV150。

（11）打开 VD706，将废洗液排出。

（12）洗涤液排放完毕后，关闭 VD706。

3. 启动 T150

（1）打开 E152 冷却水阀 V601，E152 投用。

（2）打开 VD405，进料。

（3）当 T150 底部液位达到 25%后，打开 P150A 泵入口阀。

（4）启动 P150A。

（5）打开 P150A 泵出口阀。

（6）打开控制阀 FV141 及其前后阀 VD605、VD606。

（7）打开阀门 VD615，将 T150 底部物料排放至不合格罐，控制好塔液面。

（8）打开控制阀 FV140 及其前后阀 VD622、VD621，给 E151 引蒸汽。

（9）待 V151 液位达到 25%后，打开 P151A 泵入口阀。

（10）启动 P151A。

（11）打开 P151A 泵出口阀。

（12）打开控制阀 FV142 及其前后阀 VD602、VD603，给 T150 打回流。

（13）打开控制阀 FV144 及其前后阀 VD609、VD610。

（14）打开阀 VD614，将部分物料排至不合格罐。

（15）待 V151 水包液位达到 25%后，打开 FV145 及其前后阀 VD611、VD612，排放。

（16）待 T150 操作稳定后，打开阀 VD613。

（17）同时关闭 VD614，将 V151 物料从产品排放改至轻组分萃取塔釜。

（18）关闭阀 VD615。

（19）同时打开阀 VD616，将 T150 底部物料由去不合格罐改到去 T160 进料。

（20）控制 TG151 温度为 40℃。

（21）控制塔底温度 TI139 为 71℃。

4. 启动 T160

（1）打开阀 V701，E162 冷却器投用。

（2）待 T160 液位达到 25%后，打开 P160A 泵入口阀。

（3）启动 P160A。

（4）打开 P160A 泵出口阀。

（5）打开控制阀 FV151 及其前后阀 VD716、VD717。

（6）同时打开 VD707，将 T160 塔底物料送至不合格罐。

（7）打开控制阀 FV149 及其前后阀 VD702、VD703，向 E161 引蒸汽。

（8）待 V161 液位达到 25%后，打开回流泵 P161A 入口阀。

（9）启动回流泵 P161A。

（10）打开回流泵 P161A 出口阀。

（11）打开塔顶回流控制阀 FV150，打回流。

（12）打开控制阀 FV153 及其前后阀 VD720、VD721。

（13）打开阀 VD714，将 V161 物料送至不合格罐。

（14）T160 操作稳定后，关闭阀 VD707。

（15）同时打开阀 VD708，将 T160 底部物料由至不合格罐改至分馏塔。

（16）关闭阀 VD714。

（17）同时打开阀 VD713，将合格产品由去不合格罐改至日罐。

（18）控制 TG161 温度为 36℃。

（19）控制塔底温度 TI147 为 56℃。

5. 调节至正常

（1）待 T150 塔操作稳定后，将 FIC142 设置为自动。

(2) 设定 FIC142 为 2027kg/h。
(3) 待 T160 塔操作稳定后，将 FIC150 设置为自动。
(4) 设定 FIC150 为 3287kg/h。
(5) 待 T150 塔灵敏板温度接近 70℃，且操作稳定后，将 TIC140 设置为自动。
(6) 设定 TIC140 为 70℃。
(7) FIC140 投串级。
(8) 将 LIC121 设置为自动。
(9) 设定 LIC121 为 50%。
(10) FIC144 投串级。
(11) 将 LIC123 设置为自动。
(12) 设定 LIC123 为 50%。
(13) FIC145 投串级。
(14) 将 LIC119 设置为自动。
(15) 设定 LIC119 为 50%。
(16) FIC141 投串级。
(17) 将 LIC126 设置为自动。
(18) 设定 LIC126 为 50%。
(19) FIC153 投串级。
(20) 待 T160 塔灵敏板温度接近 45℃，且操作稳定后，将 TIC148 设置为自动。
(21) 设定 TIC148 为 45℃。
(22) FIC149 投串级。
(23) 将 LIC125 设置为自动。
(24) 设定 LIC125 为 50%。
(25) FIC151 投串级。

6. 质量评定

(1) 控制 TIC140 温度为 70℃。
(2) 控制 LIC119 液位在 50%。
(3) 控制 FIC141 流量稳定在 2194. 77kg/h。
(4) 控制 FIC142 流量稳定在 2026. 01kg/h。
(5) 控制 LIC123 液位在 50%。
(6) 控制 FIC145 流量稳定在 44. 29kg/h。
(7) 控制 LIC121 液位在 50%。
(8) 控制 FIC144 流量稳定在 1241. 50kg/h。
(9) 控制 TIC148 温度 45℃。
(10) 控制 LIC125 液位在 50%。
(11) 控制 FIC151 流量稳定在 64. 04kg/h。

（12）控制 FIC150 流量稳定在 3286.67kg/h。
（13）控制 LIC126 液位在 50%。
（14）控制 FIC153 流量稳定在 2191.08kg/h。

（二）正常停车

1. T150 降负荷

（1）手动逐步关小调解阀 V405，使进料降至正常进料量的 70%。
（2）保持灵敏板温度 TIC140 的稳定性。
（3）保持塔压 PIC128 的稳定性。
（4）关闭 VD613，停止塔顶产品采出。
（5）打开 VD614，将塔顶产品排至不合格罐。
（6）断开 LIC121 和 FIC144 的串级，手动开大 FV144，使液位 LIC121 降至 20%。
（7）液位 LIC121 降至 20%。
（8）断开 LIC123 和 FIC145 的串级，手动开大 FV145，使液位 LIC123 降至 20%。
（9）液位 LIC123 降至 20%。
（10）断开 LIC119 和 FIC119 的串级，手动开大 FV141，使液位 LIC119 降至 30%。
（11）液位 LIC119 降至 30%。

2. T160 降负荷

（1）关闭 VD616，停止塔釜产品采出。
（2）打开 VD615，将塔顶产品排至不合格罐。
（3）关闭 VD708，停止塔釜产品采出。
（4）打开 VD707，将塔顶产品排至不合格罐。
（5）关闭 VD713，停止塔顶产品采出。
（6）打开 VD714，将塔顶产品排至不合格罐。
（7）断开 LIC126 和 FIC153 的串级，手动开大 FV153，使液位 LIC126 降至 20%。
（8）液位 LIC126 降至 20%。
（9）断开 LIC125 和 FIC151 的串级，手动开大 FV151，使液位 LIC125 降至 30%。
（10）液位 LIC125 降至 30%。

3. 停进料和再沸器

（1）关闭调解阀 V405，停进料。
（2）断开 FIC140 和 TIC140 的串级，关闭调节阀 FV140，停加热蒸汽。
（3）关闭 FV140 前截止阀 VD622。
（4）关闭 FV140 后截止阀 VD621。
（5）断开 FIC149 和 TIC148 的串级，关闭调节阀 FV149，停加热蒸汽。
（6）关闭 FV149 前截止阀 VD702。
（7）关闭 FV149 后截止阀 VD703。

4. T150 塔停回流

（1）手动开大 FV142，将回流罐内液体全部打入精馏塔，以降低塔内温度。
（2）当回流罐液位降至 0%，停回流，关闭调节阀 FV142。
（3）关闭 FV104 前截止阀 VD603。
（4）关闭 FV104 后截止阀 VD602。
（5）关闭泵 P151A 出口阀 VD624。
（6）停泵 P151A。
（7）关闭泵 P151A 入口阀 VD623。

5. T160 塔停回流

（1）手动开大 FV150，将回流罐内液体全部打入精馏塔，以降低塔内温度。
（2）当回流罐液位降至 0%，停回流，关闭调节阀 FV150。
（3）关闭 FV150 前截止阀 VD719。
（4）关闭 FV150 后截止阀 VD718。
（5）关闭泵 P161A 出口阀 VD725。
（6）停泵 P161A。
（7）关闭泵 P161A 入口阀 VD724。

6. 降温

（1）将 V151 水包水排净后将 FV145 关闭。
（2）关闭 FV145 前阀 VD611。
（3）关闭 FV145 后阀 VD612。
（4）关闭泵 P150A 出口阀 VD628。
（5）T150 底部物料排空后，停 P150A。
（6）关闭泵 P150A 入口阀 VD627。
（7）关闭泵 P160A 出口阀 VD729。
（8）关闭泵 P160A 入口阀 VD728。

7. 系统打破真空

（1）关闭控制阀 PV128 及其前后阀。
（2）关闭控制阀 PV133 及其前后阀。
（3）打开阀 VD601，向 V151 充入 LN（Liquid Nitrogen，液氮）。
（4）打开阀 VD704，向 V161 充入 LN。
（5）直至 T150 系统达到常压状态，关闭阀 VD601，停 LN。
（6）直至 T160 系统达到常压状态，关闭阀 VD704，停 LN。

（三）正常运行管理及事故处理

1. 停电

现象：泵停运。

排除方法：紧急停车。

2. 停冷却水

现象：塔顶温度上升，塔顶压力升高。

排除方法：停车。

3. 停加热蒸汽

现象：塔釜温度持续下降。

排除方法：停车。

4. 回流泵故障

现象：塔顶回流量减少，塔温度上升。

排除方法：启动备用泵。

5. 塔釜出料调节阀卡

现象：塔釜液位上升。

排除方法：打开旁路阀。

6. 原料液进料调节阀卡

现象：进料流量减少，塔温度升高。

排除方法：打开旁路阀。

7. 热蒸汽压力过高

现象：热蒸汽流量增加，塔温度上升。

排除方法：将控制阀设为手动，调小开度。

8. 回流控制阀卡

现象：回流量减少，塔温度升高。

排除方法：打开旁路阀。

9. 加热蒸汽压力过低

现象：热蒸汽流量减少，塔温度下降。

排除方法：将控制阀设为手动，增大开度。

10. 仪表风停

现象：控制回路中的控制阀门全开或全关。

排除方法：关闭控制阀，打开旁路阀到合适的开度。

11. 进料压力突然增大

现象：进料流量增加。

排除方法：调节阀开度调小。

12. 回流罐液位超高

现象：回流罐液位很高。

排除方法：打开回流备用泵，调节回流管线和塔顶物流采出管线上控制阀的开度。

四、思考与讨论

请在表 10-1 中根据设备位号写出设备名称，或者根据设备名称写出设备位号。

表 10-1　　双塔精馏设备位号与名称测试

设备位号	设备名称	设备位号	设备名称
FIC140		FI128	
FIC141			脱除塔进料段温度
	轻组分脱除塔塔顶回流量		脱除塔塔釜蒸汽温度
	脱除塔塔顶油相产品量		脱除塔塔釜温度
FIC145			脱除塔塔顶段温度
TIC140		PI125	
PIC128		PI126	
FIC149		TI152	
	精制塔塔顶回流量		精制塔塔釜温度
	精制塔塔釜产品量	TI151	
	精制塔塔顶产品量		精制塔进料段温度
TIC148		PI130	
	精制塔顶回流罐压力		精制塔塔釜压力

五、项目操作结果评价

完成项目操作后，请填写结果评价表（表 10-2）。

表 10-2　　双塔精馏项目操作结果评价表

姓名		学号		班级	
组别		组长		成员	
项目名称					

维度	评价内容	自评	互评	师评	总评
知识	掌握双塔精馏装置的设备结构				
	掌握双塔精馏装置工作原理				
	掌握双塔精馏装置的基本工作流程				
	掌握双塔精馏装置工作过程中关键参数的调控				
	掌握双塔精馏装置典型故障的现象和解决方案				
能力	能够根据开车操作规程，进行双塔精馏装置开车操作				
	能够根据停车操作规程，进行双塔精馏装置停车操作				
	能够根据温度等参数的运行，判断参数的波动和程度				
	能够正确处理参数的波动，保持装置稳定运行				
	能够及时正确判断事故类型，并且妥善处理事故				

续表

维度	评价内容	自评	互评	师评	总评
素质	具备诚实守信、爱岗敬业、精益求精的职业素养				
	在工作中具备较强的表达能力和沟通能力				
	具备严格遵守操作规程的意识				
	具备安全用电，正确防火、防爆、防毒意识				
	主动思考技术难点，具备一定的创新能力				
总结反思					

拓展阅读

新疆 DMO 精馏技术实现新突破

新疆天业集团汇合新材料有限公司（以下简称“天业汇合”）工作人员通过对 DMO 精馏系统的技术改造（图 10-8），成功实现了负压精馏运行，促使生产负荷大幅提升，仅蒸汽成本每年可节约 230 万元，且各项指标正常，率先在国内煤化工领域实现了负压精馏技术的新突破。

图 10-8　新疆天业集团汇合新材料有限公司的 DMO 精馏装置

“该技术的应用，大幅降低了各装置的产品蒸汽用量和生产能耗，实现了生产装置效益最大化的运行模式。”天业汇合乙二醇车间主任叶展介绍，负压精馏技术是一种常用的分离和纯化技术，其核心原理在于利用物质在不同温度下的沸点差异，通过降低环境压力来分离混合物。

传统的煤化工精馏装置，依靠正压精馏技术，存在能耗高、组分杂质多等问题。为解决这一难题，天业汇合成立攻关小组进行技术研究，探索负压精馏技术在煤化工领域的应用，成功将负压精馏技术应用于DMO装置，在提高产品品质的同时，为装置高效运行创造了有利条件。

一直以来，天业汇合持续实施创新驱动发展战略，加强创新平台载体和创新主体培育，实现产学研用深度融合，攻关大型煤化工生产中的瓶颈课题，切实为公司科技攻关和高质量发展奠定坚实基础。

项目十一 吸收解吸单元

学习目标

【知识目标】

（1）掌握吸收塔、解吸塔的设备结构。

（2）掌握吸收塔、解吸塔的工作原理。

（3）掌握吸收塔、解吸塔的基本工作流程。

（4）掌握吸收塔、解吸塔工作过程中关键参数的调控。

（5）掌握吸收解吸装置典型故障的现象和解决方案。

【能力目标】

（1）能够根据开车操作规程，进行吸收解吸装置开车操作。

（2）能够根据停车操作规程，进行吸收解吸装置停车操作。

（3）能够根据温度等参数的运行，判断参数的波动和程度。

（4）能够正确处理参数的波动，保持装置稳定运行。

（5）能够及时正确判断事故类型，并且妥善处理事故。

【素质目标】

（1）具备诚实守信、爱岗敬业、精益求精的职业素养。

（2）在工作中具备较强的表达能力和沟通能力。

（3）具备严格遵守操作规程的意识。

（4）具备安全用电，正确防火、防爆、防毒意识。

（5）主动思考技术难点，具备一定的创新能力。

项目导言

吸收塔用以进行吸收操作的塔器，是实现吸收操作的设备（图 11-1）。按气液相接触形态分为三类，第一类是气体以气泡形态分散在液相中的板式塔、鼓泡吸收塔、搅拌鼓泡吸收塔；第二类是液体以液滴状分散在气相中的喷射器、文氏管、喷雾塔；第三类为液体以膜状运动与气相进行接触的填料吸收塔和降膜吸收塔。

图 11-1　吸收塔

解吸塔用气体或者蒸气（气相）将溶剂（液相）中的部分溶质进行分离的设备（图 11-2）。在气液两相系统中，当溶质组分的气相分压低于其溶液中该组分的气液平衡分压时，就会发生溶质组分从液相到气相的传质，这一过程称作解吸或蒸出。例如被吸收的气体从吸收液中释放出来的过程。

图 11-2　解吸塔

在化工生产中解吸和吸收往往是密切相关的。为了使吸收过程所用的吸收剂，特别是一些价格较高的溶剂能够循环使用，就需要通过解吸把被吸收的物质从吸收液中分离出去，从而使吸收剂得以再生。此外，要利用被吸收的气体组分时，也必须解吸。至于在石油化工生产中把所吸收的轻烃混合物分离成几个馏分或几个单一组分，如何合理地组织吸收-解吸流程方案就更加重要。在石油化工、天然气加工过程中广泛应用吸收、解吸过程。

项目任务

一、工艺流程简介

吸收和解吸是石油化工生产过程中较常用的重要单元操作过程。吸收过程是利用气体混合物中各个组分在液体（吸收剂）中的溶解度不同，来分离气体混合物。被溶解的组分称为溶质或吸收质，含有溶质的气体称为富气，不被溶解的气体称为贫气或惰性气体。

溶解在吸收剂中的溶质和在气相中的溶质存在溶解平衡，当溶质在吸收剂中并达到溶解平衡时，溶质在气相中的分压称为该组分在该吸收剂中的饱和蒸气压。当溶质在气相中的分压大于该组分的饱和蒸气压时，溶质就从气相溶入溶质中，称为吸收过程。当溶质在气相中的分压小于该组分的饱和蒸气压时，溶质就从液相逸出到气相中，称为解吸过程。

提高压力、降低温度有利于溶质吸收；降低压力、提高温度有利于溶质解吸，正是利用这一原理分离气体混合物，而吸收剂可以重复使用。

该单元以 C6 油为吸收剂，分离气体混合物（其中 C4：25.13%，CO 和 CO_2：6.26%，N_2：64.58%，H_2：3.5%，O_2：0.53%）中的 C4 组分（吸收质）。其工艺流程如图 11-3 所示。

从界区外来的富气从底部进入吸收塔 T-101。界区外来的纯 C6 油吸收剂贮存于 C6 油贮罐 D-101 中，由 C6 油泵 P-101A/B 送入吸收塔 T-101 的顶部，C6 流量由 FRC103 控制。吸收剂 C6 油在吸收塔 T-101 中自上而下与富气逆向接触，富气中 C4 组分被溶解在 C6 油中。不溶解的贫气自 T-101 顶部排出，经盐水冷却器 E-101 被-4℃的盐水冷却至 2℃进入尾气分离罐 D-102。吸收了 C4 组分的富油（C4：8.2%，C6：91.8%）从吸收塔底部排出，经贫富油换热器 E-103 预热至 80℃进入解吸塔 T-102。吸收塔塔釜液位由 LIC101 和 FIC104 通过调节塔釜富油采出量串级控制。

来自吸收塔顶部的贫气在尾气分离罐 D-102 中回收冷凝的 C4 和 C6 后，不凝气在 D-102 压力控制器 PIC103（1.2MPa）控制下排入放空总管进入大气。回收的

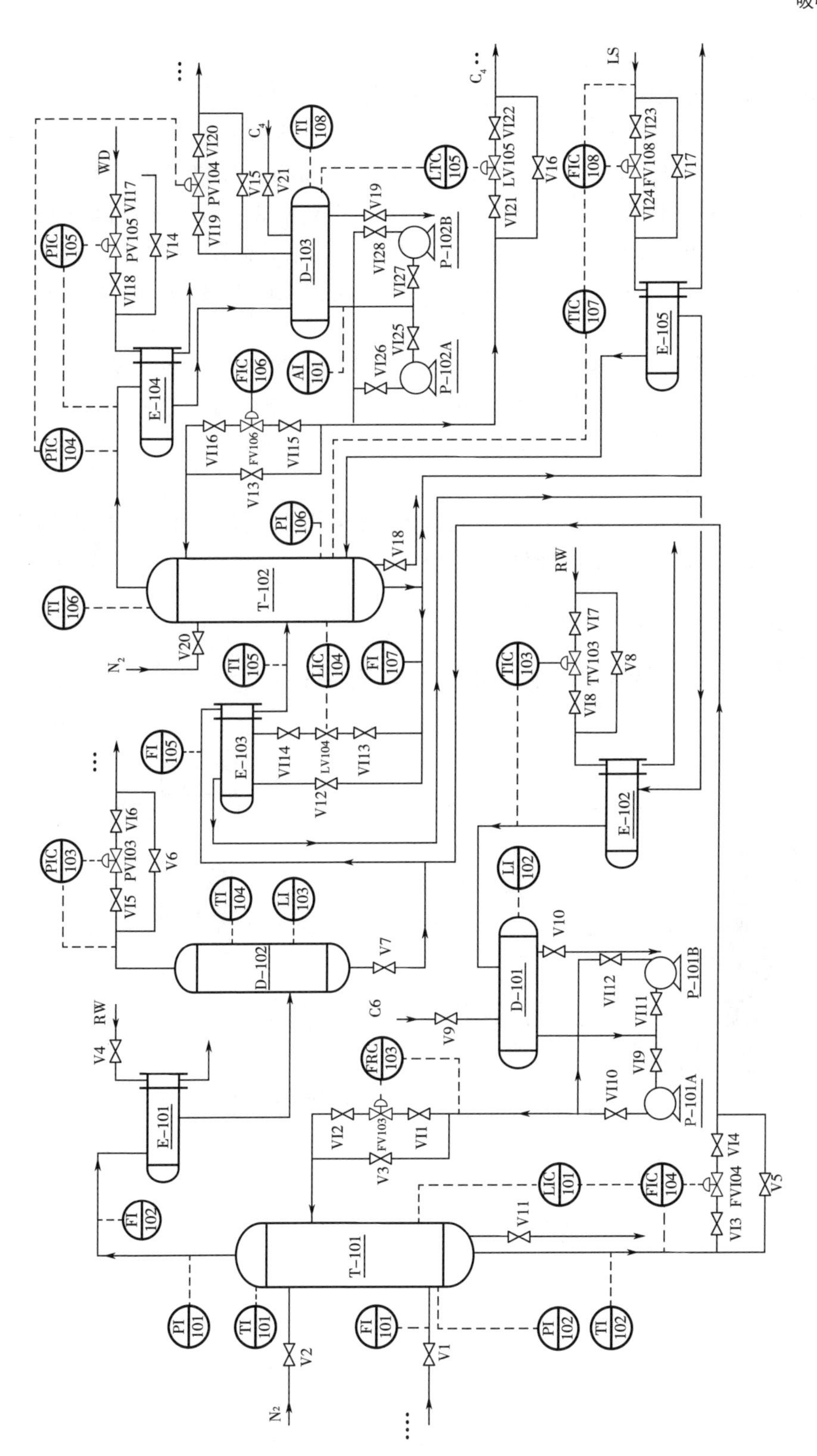

图 11-3 吸收解吸技能培训工艺流程图

冷凝液（C4，C6）与吸收塔釜排出的富油一起进入解吸塔 T-102。

预热后的富油进入解吸塔 T-102 进行解吸分离。塔顶气相出料（C4：95%）经全冷器 E-104 换热降温至 40℃全部冷凝进入塔顶回流罐 D-103，其中一部分冷凝液由 P-102A/B 泵打回流至解吸塔顶部，回流量 8.0t/h，由 FIC106 控制，其他部分作为 C4 产品在液位控制（LIC105）下由 P-102A/B 泵抽出。塔釜 C6 油在液位控制（LIC104）下，经贫富油换热器 E-103 和盐水冷却器 E-102 降温至 5℃返回至 C6 油贮罐 D-101 再利用，返回温度由温度控制器 TIC103 通过调节 E-102 循环冷却水流量控制。

T-102 塔釜温度由 TIC104 和 FIC108 通过调节塔釜再沸器 E-105 的蒸汽流量串级控制，控制温度 102℃。塔顶压力由 PIC-105 通过调节塔顶冷凝器 E-104 的冷却水流量控制，另有一塔顶压力保护控制器 PIC-104，在塔顶有凝气压力高时通过调节 D-103 放空量降压。

因为塔顶 C4 产品中含有部分 C6 油及其他 C6 油损失，所以随着生产的进行，要定期观察 C6 油贮罐 D-101 的液位，补充新鲜 C6 油。

二、 DCS 图、现场图

吸收解吸仿真单元 DCS 与现场图如图 11-4 至图 11-7 所示。

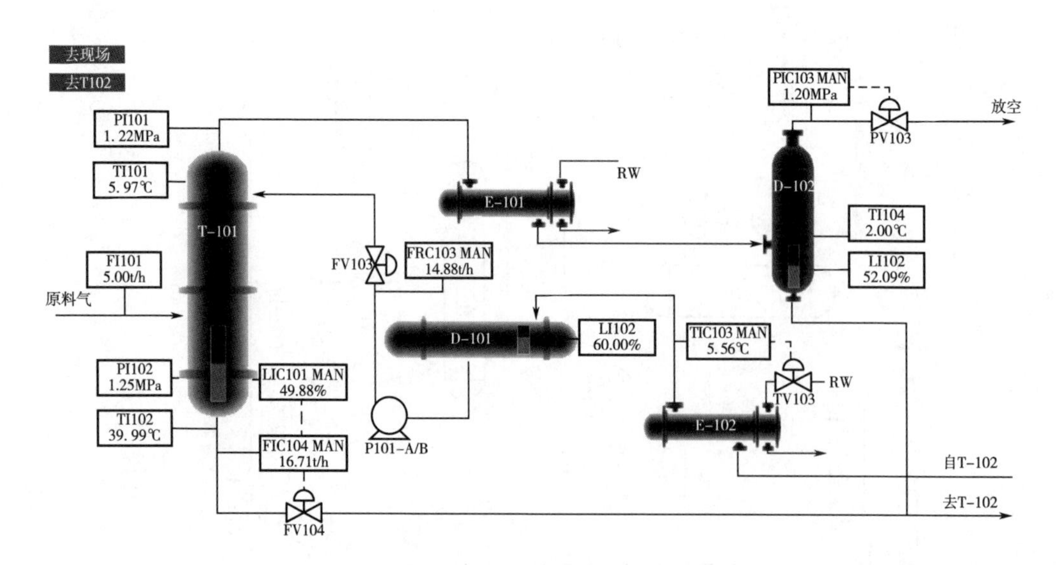

图 11-4　吸收系统 DCS 图

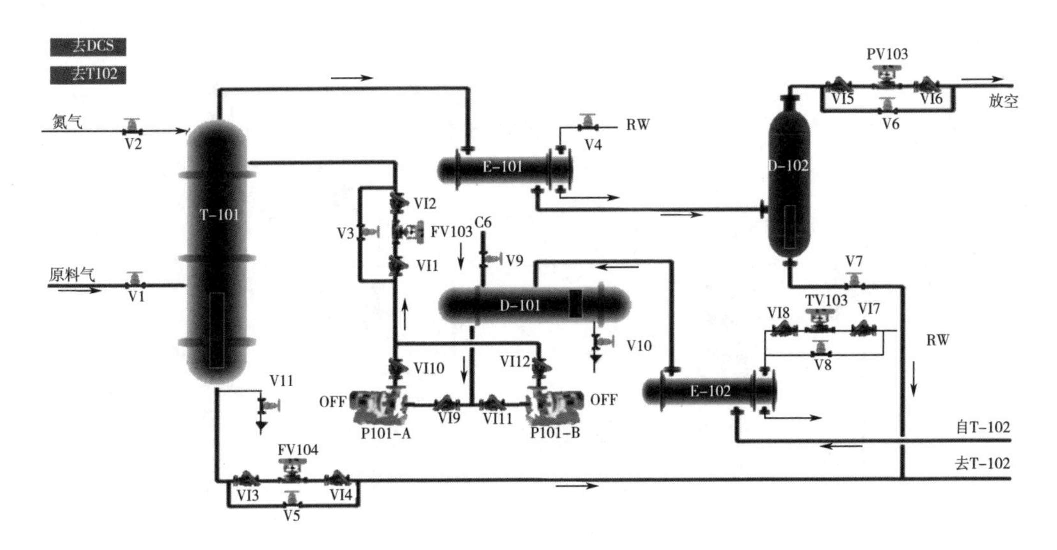

图 11-5　吸收系统现场图

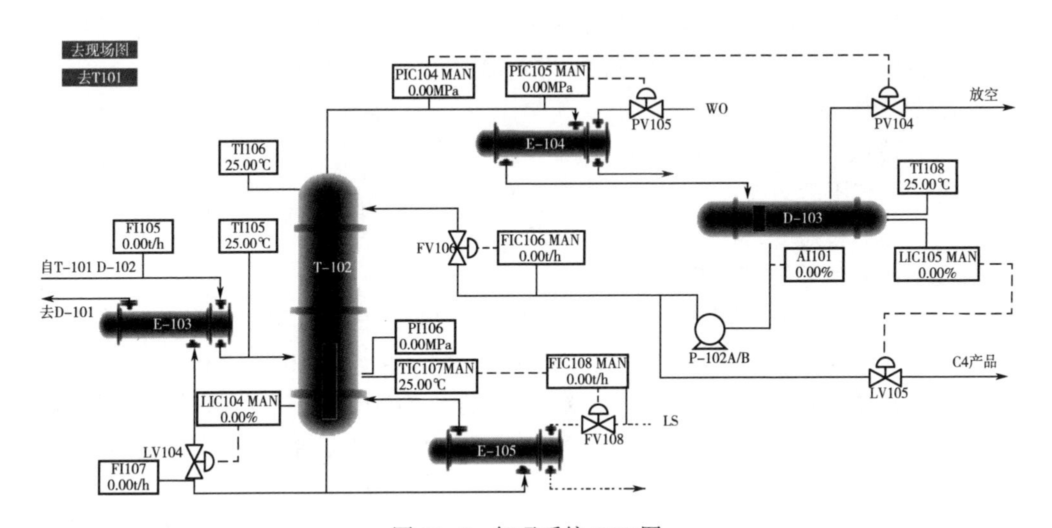

图 11-6　解吸系统 DCS 图

三、操作步骤

（一）冷态开车

1. 氮气充压

（1）确认所有手阀处于关状态。

（2）氮气充压

①打开氮气充压阀，给吸收塔系统充压。

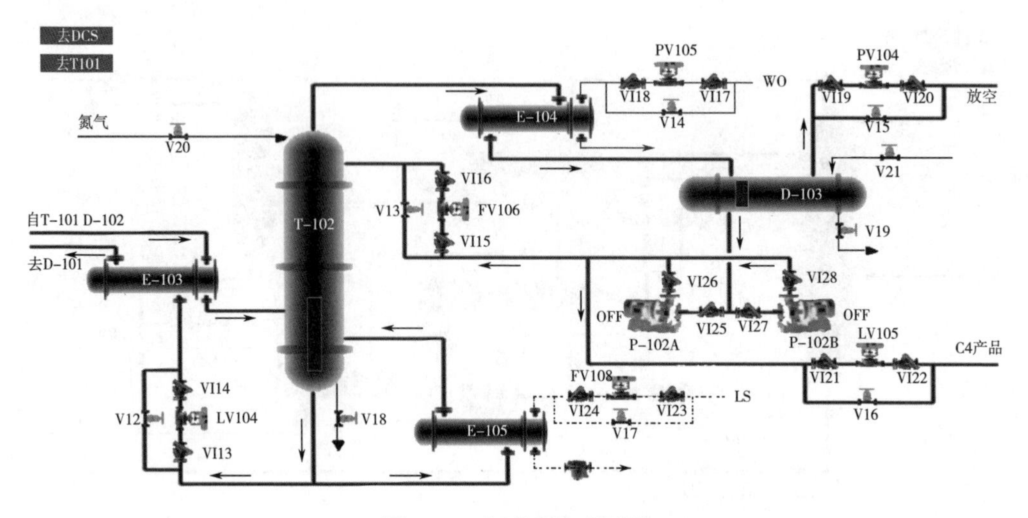

图 11-7 解吸系统现场图

②当吸收塔系统压力升至 1.0MPa 左右时，关闭氮气充压阀。

③打开氮气充压阀，给解吸塔系统充压。

④当吸收塔系统压力升至 0.5MPa 左右时，关闭氮气充压阀。

2. 进吸收油

（1）确认

①系统充压已结束。

②所有手阀处于关状态。

（2）吸收塔系统进吸收油

①打开引油阀 V9 至开度 50%左右，向 C6 油贮罐 D-101 充 C6 油至液位 70%。

②打开 C6 油泵 P-101A 或 P-101B 的入口阀，启动 P-101A 或 P-101B。

③打开 P-101A 或 P-101B 出口阀，手动打开 FV103 阀至开度 30%左右给吸收塔 T-101 充液至 50%。充油过程中注意观察 D-101 液位，必要时给 D-101 补充新油。

（3）解吸塔系统进吸收油

①手动打开调节阀 FV104 至开度 50%左右，向解吸塔 T-102 进吸收油至液位 50%。

②给 T-102 进油时注意给 T-101 和 D-101 补充新油，以保证 T-101 和 D-101 的液位均不低于 50%。

3. C6 油冷循环

（1）确认

①贮罐、吸收塔、解吸塔液位在 50%左右。

②吸收塔系统与解吸塔系统保持合适压差。

（2）建立冷循环

①手动逐渐打开调节阀 LV104，向 D-101 倒油。

②当向 D-101 倒油时，同时逐渐调整 FV104，以保持 T-102 液位在 50%左右，将 LIC104 设定在 50%设自动。

③ 由 T-101 至 T-102 油循环时，手动调节 FV103 以保持 T-101 液位在 50%左右，将 LIC101 设定在 50%投自动。

④ 手动调节 FV103，使 FRC103 保持在 13 . 50t/h，投自动，冷循环 10min。

4. T-102 回流罐 D-103 灌 C4

打开 V21 向 D-103 灌 C4 至液位 40%。

5. C6 油热循环

（1）确认

①冷循环过程已经结束。

②D-103 液位已建立。

（2）T-102 再沸器投用

①设定 TIC103 于 5℃，投自动。

②手动打开 PV105 至开度 70%。

③手动控制 PIC105 于 0. 5MPa，待回流稳定后再投自动。

④手动打开 FV108 至开度 50%，开始给 T-102 加热。

（3）建立 T-102 回流

①随着 T-102 塔釜温度 TIC107 逐渐升高，C6 油开始汽化，并在 E-104 中冷凝至回流罐 D-103。

②当塔顶温度高于 50℃时，打开 P-102A/B 泵的入出口阀 VI25/27、VI26/28，打开 FV106 的前后阀，手动打开 FV106 至合适开度，维持塔顶温度高于 51℃。

③当 TIC107 温度指示达到 102℃时，将 TIC107 设定在 102℃投自动，TIC107 和 FIC108 投串级。

④热循环 10min。

6. 进富气

（1）确认 C6 油热循环已经建立。

（2）进富气

①逐渐打开富气进料阀 V1，开始富气进料。

②随着 T-101 富气进料，塔压升高，手动调节 PIC103 使压力恒定在 1. 2MPa。当富气进料达到正常值后，设定 PIC103 于 1. 2MPa，投自动。

③当吸收了 C4 的富油进入解吸塔后，塔压将逐渐升高，手动调节 PIC105，维持 PIC105 在 0. 5MPa，稳定后投自动。

④当 T-102 温度、压力控制稳定后，手动调节 FIC106 使回流量达到正常值 8. 0t/h，投自动。

⑤观察 D-103 液位，液位高于 50%时，打开 LIV105 的前后阀，手动调节 LIC105 维持液位在 50%，投自动。

⑥将所有操作指标逐渐调整到正常状态。

（二）正常停车

1. 停富气进料

（1）关富气进料阀 V1，停富气进料。

（2）富气进料中断后，T-101 塔压会降低，手动调节 PIC103，维持 T-101 压力大于 1.0MPa。

（3）手动调节 PIC105 维持 T-102 塔压力在 0.20MPa 左右。

（4）维持 T-101→T-102→D-101 的 C6 油循环。

2. 停吸收塔系统

（1）停 C6 油进料

①停 C6 油泵 P-101A/B。

②关闭 P-101A/B 入出口阀。

③FRC103 置手动，关 FV103 前后阀。

④手动关 FV103 阀，停 T-101 油进料。

此时应注意保持 T-101 的压力，压力低时可用氮气充压，否则 T-101 塔釜 C6 油无法排出。

（2）吸收塔系统泄油

①LIC101 和 FIC104 置手动，FV104 开度保持 50%，向 T-102 泄油。

②当 LIC101 液位降至 0%时，关闭 FV108。

③打开 V7 阀，将 D-102 中的凝液排至 T-102 中。

④当 D-102 液位指示降至 0%时，关 V7 阀。

⑤关 V4 阀，中断盐水停 E-101。

⑥手动打开 PV103，吸收塔系统泄压至常压，关闭 PV103。

3. 停解吸塔系统

（1）停 C4 产品出料　富气进料中断后，将 LIC105 置手动，关阀 LV105 及其前后阀。

（2）T-102 塔降温

①TIC107 和 FIC108 置手动，关闭 E-105 蒸汽阀 FV108，停再沸器 E-105。

②停止 T-102 加热的同时，手动关闭 PIC105 和 PIC104，保持解吸系统的压力。

（3）停 T-102 回流

①再沸器停用，温度下降至泡点以下后，油不再汽化，当 D-103 液位 LIC105 指示小于 10%时，停回流泵 P-102A/B，关 P-102A/B 的入出口阀。

②手动关闭 FV106 及其前后阀，停 T-102 回流。

③打开 D-103 泄液阀 V19。

④当 D-103 液位指示下降至 0%时，关 V19 阀。

（4）T-102 泄油

①手动置 LV104 于开度 50%，将 T-102 中的油倒入 D-101。

②当 T-102 液位 LIC104 指示下降至 10%时，关 LV104。

③手动关闭 TV103，停 E-102。

④打开 T-102 泄油阀 V18，T-102 液位 LIC104 下降至 0%时，关 V18。

（5）T-102 泄压

①手动打开 PV104 至开度 50%，开始 T-102 系统泄压。

②当 T-102 系统压力降至常压时，关闭 PV104。

4. 吸收油贮罐 D-101 排油

（1）当停 T-101 吸收油进料后，D-101 液位必然上升，此时打开 D-101 排油阀 V10 排污油。

（2）直至 T-102 中油倒空，D-101 液位下降至 0%，关 V10。

（三）正常运行管理及事故处理

1. 冷却水中断

主要现象：（1）冷却水流量为 0。
（2）入口路各阀常开状态。

处理方法：（1）停止进料，关闭 V1 阀。
（2）手动关闭 PV103 保压。
（3）手动关闭 FV104，停 T-102 进料。
（4）手动关闭 LV105，停出产品。
（5）手动关闭 FV103，停 T-101 回流。
（6）手动关闭 FV106，停 T-102 回流。
（7）关闭 LIC104 前后阀，保持液位。

2. 加热蒸汽中断

主要现象：（1）加热蒸汽管路各阀开度正常。
（2）加热蒸汽入口流量为 0。
（3）塔釜温度急剧下降。

处理方法：（1）停止进料，关 V1 阀。
（2）停止 T-102 回流。
（3）停止 D-103 产品出料。
（4）停止 T-102 进料。
（5）关闭 PV103 保压。
（6）关闭 LIC104 前后阀，保持液位。

3. 仪表风中断

主要现象：各调节阀全开或全关。

处理方法：（1）打开 FRC103 旁路阀 V3。
（2）打开 FIC104 旁路阀 V5。
（3）打开 PIC103 旁路阀 V6。
（4）打开 TIC103 旁路阀 V8。
（5）打开 LIC104 旁路阀 V12。
（6）打开 FIC106 旁路阀 V13。
（7）打开 PIC105 旁路阀 V14。
（8）打开 PIC104 旁路阀 V15。
（9）打开 LIC105 旁路阀 V16。
（10）打开 FIC108 旁路阀 V17。

4. 停电

主要现象：（1）泵 P-101A/B 停。
（2）泵 P-102A/B 停。
处理方法：（1）打开泄液阀 V10，保持 LI102 液位在 50%。
（2）打开泄液阀 V19，保持 LI105 液位在 50%。
（3）关小加热油流量，防止塔温上升过高。
（4）停止进料，关 V1 阀。

5. P-101A 泵坏

主要现象：（1）FRC103 流量降为 0。
（2）塔顶 C4 上升，温度上升，塔顶压上升。
（3）釜液位下降。
处理方法：（1）停 P-101A（注：先关泵后阀，再关泵前阀）。
（2）开启 P-101B，先开泵前阀，再开泵后阀。
（3）由 FRC-103 调至正常值，并投自动。

6. LIC104 调节阀卡

主要现象：（1）FI107 降至 0。
（2）塔釜液位上升，并可能报警。
处理方法：（1）关 LIC104 前后阀 VI13、VI14。
（2）开 LIC104 旁路阀 V12 至 60%左右。
（3）调整旁路阀 V12 开度，使液位保持在 50%。

7. 换热器 E-105 结垢严重

主要现象：（1）调节阀 FIC108 开度增大。
（2）加热蒸汽入口流量增大。
（3）塔釜温度下降，塔顶温度也下降，塔釜 C4 组成上升。
处理方法：（1）关闭富气进料阀 V1。
（2）手动关闭产品出料阀 LIC102。

（3）手动关闭再沸器后，清洗换热器 E-105。

四、思考与讨论

请在表 11-1 中根据设备位号写出设备名称，或者根据设备名称写出设备位号。

表 11-1　　吸收解吸设备位号与名称测试

设备位号	设备名称	设备位号	设备名称
AI101		LI103	
FI101			解吸塔釜液位控制
	T-101 塔顶气量	LIC105	
	吸收油流量控制	PI101	
FIC104			吸收塔塔底压力
FI105			吸收塔顶压力控制
FIC106	回流量控制	PIC104	
FI107		PIC105	
FIC108		PI106	
	吸收塔液位控制		吸收塔塔顶温度
LI102		TI102	

五、项目操作结果评价

完成项目操作后，请填写结果评价表（表 11-2）。

表 11-2　　吸收解吸项目操作结果评价表

<table>
<tr><td>姓名</td><td></td><td>学号</td><td colspan="2"></td><td>班级</td><td colspan="2"></td></tr>
<tr><td>组别</td><td></td><td>组长</td><td colspan="2"></td><td>成员</td><td colspan="2"></td></tr>
<tr><td>项目名称</td><td colspan="7"></td></tr>
<tr><td>维度</td><td colspan="3">评价内容</td><td>自评</td><td>互评</td><td>师评</td><td>总评</td></tr>
<tr><td rowspan="5">知识</td><td colspan="3">掌握吸收塔、解吸塔反应的设备结构</td><td></td><td></td><td></td><td></td></tr>
<tr><td colspan="3">掌握吸收塔、解吸塔的工作原理</td><td></td><td></td><td></td><td></td></tr>
<tr><td colspan="3">掌握吸收塔、解吸塔的基本工作流程</td><td></td><td></td><td></td><td></td></tr>
<tr><td colspan="3">掌握吸收塔、解吸塔工作过程中关键参数的调控</td><td></td><td></td><td></td><td></td></tr>
<tr><td colspan="3">掌握吸收解吸装置典型故障的现象和解决方案</td><td></td><td></td><td></td><td></td></tr>
</table>

续表

维度	评价内容	自评	互评	师评	总评
能力	能够根据开车操作规程，进行吸收解吸装置开车操作				
	能够根据停车操作规程，进行吸收解吸装置停车操作				
	能够根据温度等参数的运行，判断参数的波动和程度				
	能够正确处理参数的波动，保持装置稳定运行				
	能够及时正确判断事故类型，并且妥善处理事故				
素质	具备诚实守信、爱岗敬业、精益求精的职业素养				
	在工作中具备较强的表达能力和沟通能力				
	具备严格遵守操作规程的意识				
	具备安全用电，正确防火、防爆、防毒意识				
	主动思考技术难点，具备一定的创新能力				
总结反思					

拓展阅读

化工原料丙烯生产工艺新突破

2023 年 7 月 28 日，《科学》杂志在线发表了我国科学家在化工领域的重要研究成果——天津大学低碳能源化工研究团队提出从催化剂结构设计到反应热量高效利用的新概念，成功打破传统反应热力学限制，奠定了丙烯生产的主流技术——丙烷脱氢工艺的新科学基础（图 11-8）。

图 11-8　全国最高丙烷脱氢核心装置

丙烯在全球石化产业链中具有重要地位，是生产塑料制品、医疗用品、汽车用品、建筑材料等下游产品的关键基础化工原料（图 11–9）。我国丙烯需求和生产位居全球第一，但当前较为先进的丙烷直接脱氢制丙烯技术高度依赖进口，并且其反应过程吸收大量热量，产生较高碳排放。目前丙烯生产分别占我国和全球石化工业碳排放总量的 8% 和 5%。因此，国内外对绿色低碳烯烃生产技术的研发极为重视。

图 11–9　丙烯是生产汽车用品等产品的关键基础化工原料

面向世界科技前沿、国家重大需求和经济社会发展目标，天津大学教授巩金龙带领团队对上千种催化剂开展了测试和表征工作，从反应和传热的科学本质出发，提出了储量丰富的金属氧化物结构化设计方法，发现了催化剂结构对丙烷转化的影响规律，明确了反应中间物迁移对不同反应的串联作用机制；经过系统的工艺条件探索，建立了反应器内热量集成利用的技术策略，开发了丙烷直接脱氢吸热反应与选择性燃烧放热反应的耦合工艺，成功突破了传统直接脱氢工艺的技术局限（图 11–10）。与传统工艺相比，该制备工艺反应温度可降低 30～50℃，预期能耗可降低 20%～30%，有望大幅降低二氧化碳排放。

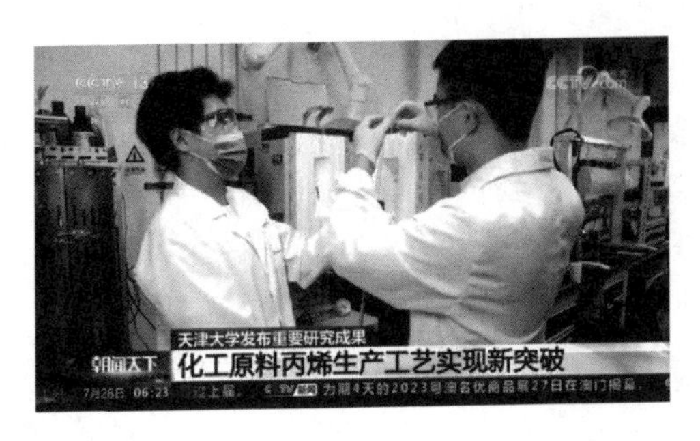

图 11–10　天津大学科研团队实现创新突破

烯烃的生产技术是一个国家化工行业科学技术水平的重要标志。该丙烯生产新技术，有望推动烯烃生产的绿色低碳发展，对提升我国在烯烃生产领域的核心竞争力具有重要意义。

项目十二

催化剂萃取单元

学习目标

【知识目标】

（1）掌握催化剂萃取装置的设备结构。

（2）掌握催化剂萃取装置的工作原理。

（3）掌握催化剂萃取装置的基本工作流程。

（4）掌握催化剂萃取装置工作过程中关键参数的调控。

（5）掌握真空泵典型故障的现象和解决方案。

【能力目标】

（1）能够根据开车操作规程，进行催化剂萃取装置开车操作。

（2）能够根据停车操作规程，进行催化剂萃取装置停车操作。

（3）能够根据温度等参数的运行，判断参数的波动和程度。

（4）能够正确处理参数的波动，保持装置稳定运行。

（5）能够及时正确判断事故类型，并且妥善处理事故。

【素质目标】

（1）具备诚实守信、爱岗敬业、精益求精的职业素养。

（2）在工作中具备较强的表达能力和沟通能力。

（3）具备严格遵守操作规程的意识。

（4）具备安全用电，正确防火、防爆、防毒意识。

（5）主动思考技术难点，具备一定的创新能力。

项目导言

一、萃取的定义

利用组分在两个互不相溶的液相中的溶解度差而将其从一个液相转移到另一个液相的分离过程称为液液萃取，也称溶剂萃取，简称萃取。

二、基本过程

待分离的一相称为被萃相，用作分离剂的相称为萃取相。萃取相中起萃取作用的组分称为萃取剂，起溶剂作用的组分称为稀释剂或溶剂。分离完成后的被萃相又称为萃余相（图 12-1）。

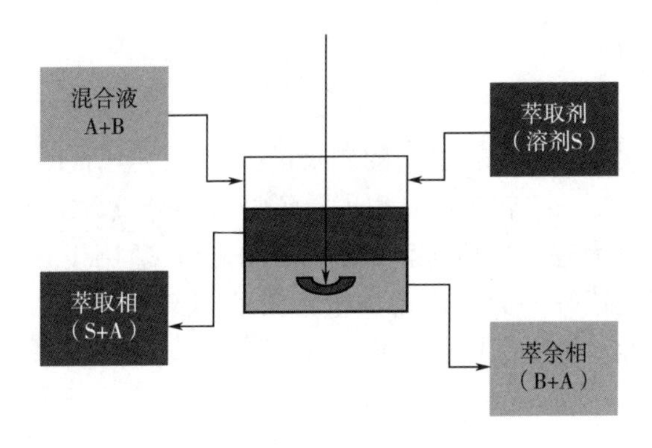

图 12-1　萃取基本过程

有机化合物在有机溶剂中一般比在水中溶解度大。用有机溶剂提取溶解于水的化合物是萃取的典型实例。在萃取时，若在水溶液中加入一定量的电解质（如氯化钠），利用“盐析效应”以降低有机物和萃取溶剂在水溶液中的溶解度，常常可以提高萃取效果。

若要把所需要的化合物从溶液中完全萃取出来，通常萃取一次是不够的，必须重复萃取数次。利用分配定律的关系，可以算出经过萃取后化合物的剩余量。

设：V 为原溶液的体积；

w_0 为萃取前化合物的总量；

w_1 为萃取一次后化合物的剩余量；

w_2 为萃取二次后化合物的剩余量；

w_n 为萃取 n 次后化合物的剩余量；

V' 为萃取溶液的体积。

经一次萃取，原溶液中该化合物的浓度为 w_1/V；而萃取溶剂中该化合物的浓度为（w_0-w_1）/V'；两者之比等于 K，即：

$$\frac{w_1/V}{(w_0 - w_1)/V'} = K \quad （式 12-1）$$

$$w_1 = w_0 \frac{KV}{KV + V'} \quad （式 12-2）$$

同理，经二次萃取后，则有式 12-3 与式 12-4。

$$\frac{w_2/V'}{(w_1 - w_2)/V'} = K \quad （式 12-3）$$

即
$$w_2 = w_1 \frac{KV}{KV + V'} = w_0\left(\frac{KV}{KV + V'}\right)^2 \quad （式 12-4）$$

因此，经 n 次提取后（式 12-5）：

$$w_n = w_0\left(\frac{KV}{KV + V'}\right)^n \quad （式 12-5）$$

当用一定量溶剂时，希望在水中的剩余量越少越好。而上式 $KV/$（$KV+V'$）总是小于 1，所以 n 越大，w_n 就越小。也就是说把溶剂分成数次作多次萃取比用全部量的溶剂作一次萃取为好。但应该注意，上面的公式适用于几乎和水不相溶的溶剂，例如苯、四氯化碳等。而与水有少量互溶的溶剂乙醚等，上面公式只是近似的，但还是可以定性地指出预期的结果。

项目任务

一、工艺流程简介

本装置是通过萃取剂（水）来萃取丙烯酸丁酯生产过程中的催化剂（对甲苯磺酸），具体工艺如下。

将自来水（FCW）通过阀 V4001 或者通过泵 P425 及阀 V4002 送进催化剂萃取塔 C-421，当液位调节器 LIC4009 为 50%时，关闭阀 V4001 或者泵 P425 及阀 V4002；开启泵 P413 将含有产品和催化剂的 R-412B 的流出物在被 E-415 冷却后进入催化剂萃取塔 C-421 的塔底；开启泵 P412A，将来自 D-411 作为溶剂的水从顶部加入。泵 P413 的流量由 FIC-4020 控制在 21126.6kg/h；P412 的流量由 FIC4021 控制在 2112.7kg/h；萃取后的丙烯酸丁酯主物流从塔顶排出，进入塔 C-422；塔底排出的水相中含有大部分的催化剂及未反应的丙烯酸，一路返回反应器 R-411A 循环使用，一路去重组分分解器 R-460 作为分解用的催化剂（图 12-2），萃取塔内部结构如图 12-3 所示。

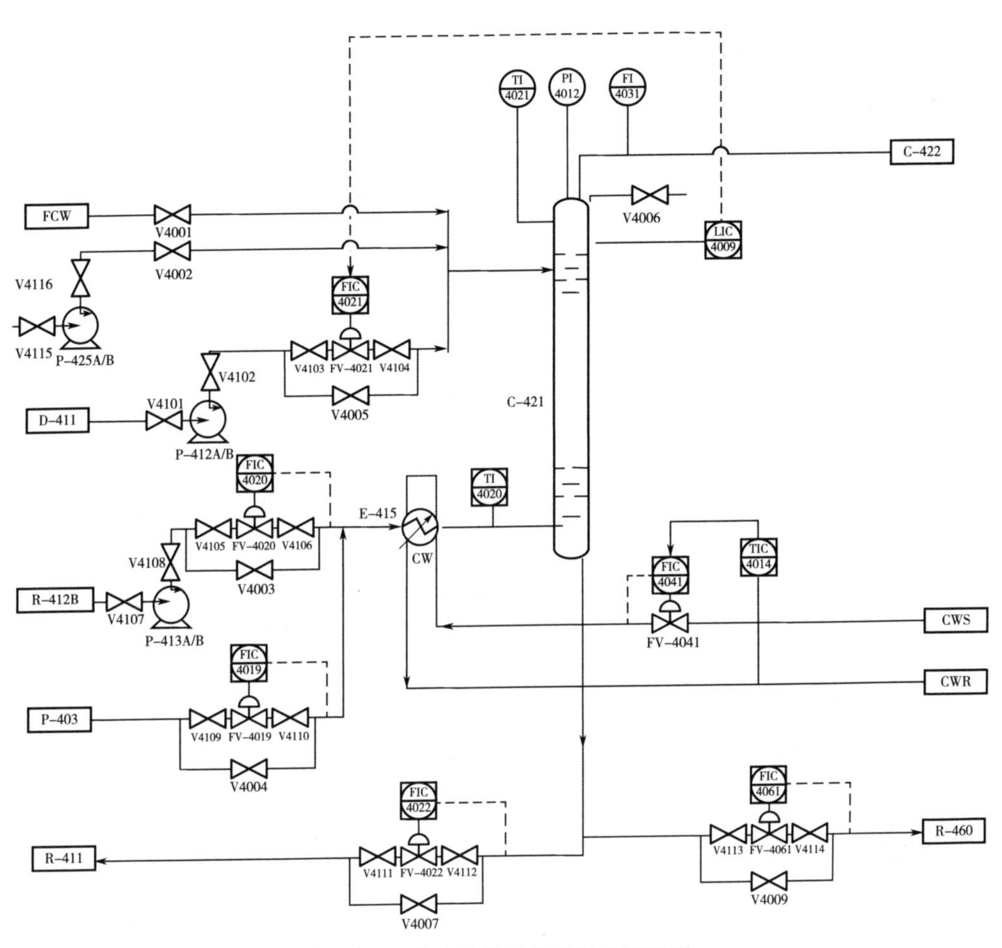

图 12-2　萃取塔单元带控制点流程图

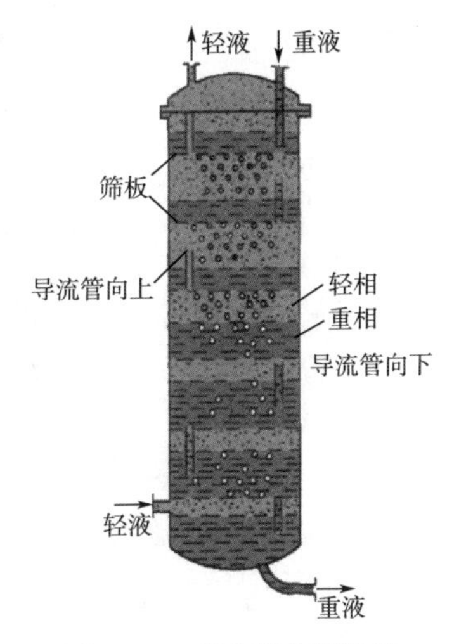

图 12-3　萃取塔内部结构

表 12-1 是萃取过程中用到的物质。

表 12-1　　萃取过程中的所用物质

序号	组分	名称	化学分子式
1	H_2O	水	H_2O
2	BUOH	丁醇	$C_4H_{10}O$
3	AA	丙烯酸	$C_3H_4O_2$
4	BA	丙烯酸丁酯	$C_7H_{12}O_2$
5	D-AA	3-丙烯酰氧基丙酸	$C_6H_8O_4$
6	FUR	糠醛	$C_5H_4O_2$
7	PTSA	对甲苯磺酸	$C_7H_8O_3S$

二、 DCS 图、现场图

催化剂萃取仿真单元 DCS 与现场图如图 12-4 与图 12-5 所示。

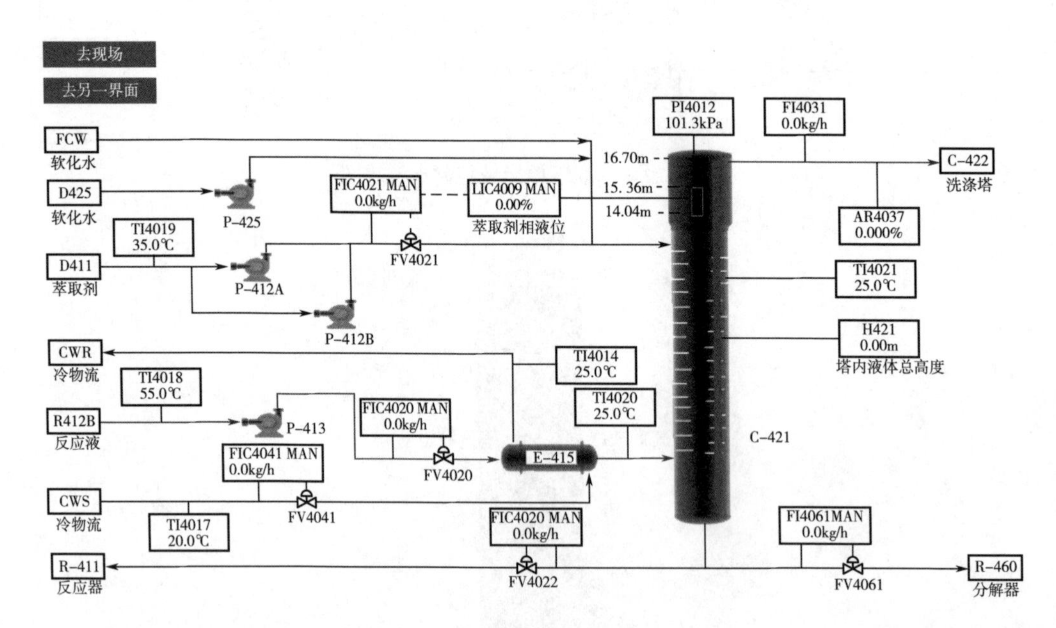

图 12-4　催化剂萃取仿真单元 DCS 图

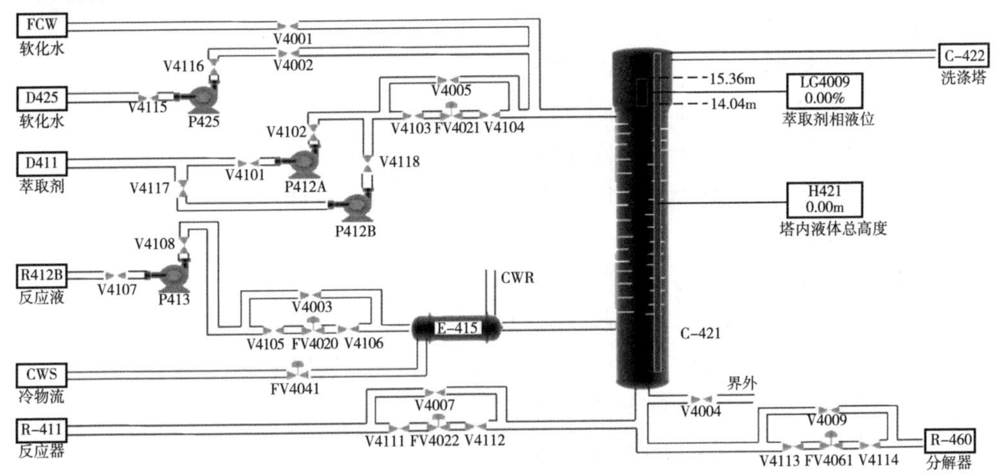

图 12-5　催化剂萃取仿真单元现场图

三、操作步骤

（一）冷态开车

1. 灌软化水

（1）开泵 P425 的前阀 V4115。

（2）打开泵 P425。

（3）开泵 P425 的后阀 V4116。

（4）开启阀 V4002。

（5）当液位 LIC4009 达到 50%时，关阀 V4002。

（6）关泵 P425 的后阀 V4116。

（7）关闭泵 P425。

（8）关泵 P425 的前阀 V4115。

2. 启动换热器

开阀 FV4041，对换热器 E415 通冷物料。

3. 引反应液

（1）开泵 P413 的前阀 V4107。

（2）开启泵 P413。

（3）开泵 P413 的后阀 V4108。

（4）开启调节阀 FV4020，将 R-412B 出口液体经换热器 E-415，送至 C-421。

（5）将 FIC4041 投自动，控制塔温 TI4021 在 35℃。

4. 引溶剂

（1）开泵 P412A 的前阀 V4101。

（2）打开泵 412A。

（3）打开泵 P412A 的后阀 V4102。

（4）开调节阀 FV4021 的前阀 V4103。

（5）开调节阀 FV4021 的后阀 V4104。

（6）开调节阀 FV4021，将 D-411 出口液体送至 C-421。

5. 引萃取液

（1）开调节阀 FV4022 的前阀 V4111。

（2）开调节阀 FV4022 的后阀 V4112。

（3）开调节阀 FV4022，将 C-421 塔底的部分液体返回 R-411 中。

（4）开调节阀 FV4061 的前阀 V4113。

（5）开调节阀 FV4061 的后阀 V4114。

（6）开调节阀 FV4061，将 C-421 塔底的另外部分液体送至重组分。

6. 调至平衡

（1）LIC4009 接近 50%时，将 LIC4009 投自动。

（2）FIC4021 接近 2112. 7kg/h 时，将 FIC4021 投串级。

（3）FIC4020 接近 21126. 6kg/h 时，将 FIC4020 投自动。

（4）FIC4022 接近 1868. 4kg/h 时，将 FIC4022 投自动。

（5）FIC4061 接近 77. 1kg/h 时，将 FIC4061 投自动。

（6）萃取剂进料量 FIC4041 稳定在 2112. 7kg/h 左右。

（7）反应液进料量 FIC4040 稳定在 21126. 6kg/h 左右。

（8）返回反应器的萃取剂量 FIC4022 稳定在 1868. 4kg/h 左右。

（9）返回分解器的萃取剂量 FIC4061 稳定在 77. 1kg/h 左右。

（10）萃取后反应液出口量 FI4031 稳定在 21293. 8kg/h 左右。

（11）塔内温度 TI4021 稳定在 35℃左右。

（12）液位 LIC4009 维持 50%。

7. 分析

（1）萃余相内 PTSA 含量。

（2）萃取效率。

（二）正常停车

1. 停原料液

（1）关调节阀 FV4020。

（2）关调节阀 FV4020 的后阀 V4106。

（3）关调节阀 FV4020 的前阀 V4105。

(4) 关泵 P413 的后阀 V4108。
(5) 停泵 P413。
(6) 关泵 P413 的前阀 V4107。
(7) 关 V4041，停换热器 E-415。

2. 停萃取剂

(1) 萃余相排尽后关 FV4021。
(2) 关调节阀 FV4021 的后阀 V4104。
(3) 关调节阀 FV4021 的前阀 V4103。
(4) 关泵 P412A 的后阀 V4102。
(5) 关泵 P412A。
(6) 关泵 P412A 的前阀 V4101。

3. 停塔内卸料

(1) 关调节阀 FV4022。
(2) 关调节阀 FV4022 的后阀 V4112。
(3) 关调节阀 FV4022 的前阀 V4111。
(4) 关调节阀 FV4061。
(5) 关调节阀 FV4061 的后阀 V4114。
(6) 关调节阀 FV4061 的前阀 V4113。

(三) 事故处理

催化剂萃取事故现象及处理方案如表 12-2 所示。

表 12-2　　催化剂萃取事故现象及处理方案表

事故名称	事故现象	处理方案
P412A 泵坏	P412A 泵的出口压力急剧下降； IC4021 的流量急剧减小	停泵 P12A； 换用泵 P412B
调节阀 FV4020 阀卡	FIC4020 的流量不可调节	开旁通阀 V4003； 关闭 FV4020 的前后阀 V4105、V4106
调节阀 FV4021 阀卡	FIC4021 的流量不可调节	开旁通阀 V4005； 关闭 FV4020 的前后阀 V4103、V4104

四、思考与讨论

1. 本单元的萃取剂是什么？
2. 反应液的温度高低对萃取有什么影响？
3. 丙烯酸丁酯的物理性质是什么？

4. 本单元主要设备名称是什么？

五、项目操作结果评价

完成项目操作后，请填写结果评价表（表 12-3）。

表 12-3　　催化剂萃取项目操作结果评价表

姓名		学号		班级	
组别		组长		成员	
项目名称					

维度	评价内容	自评	互评	师评	总评
知识	掌握催化剂萃取装置的设备结构				
	掌握催化剂萃取装置的工作原理				
	掌握催化剂萃取装置的基本工作流程				
	掌握催化剂萃取装置工作过程中关键参数的调控				
	掌握催化剂萃取装置典型故障的现象和解决方案				
能力	能够根据开车操作规程，进行催化剂萃取装置开车操作				
	能够根据停车操作规程，进行催化剂萃取装置停车操作				
	能够根据温度等参数的运行，判断参数的波动和程度				
	能够正确处理参数的波动，保持装置稳定运行				
	能够及时正确判断事故类型，并且妥善处理事故				
素质	具备诚实守信、爱岗敬业、精益求精的职业素养				
	在工作中具备较强的表达能力和沟通能力				
	具备严格遵守操作规程的意识				
	具备安全用电，正确防火、防爆、防毒意识				
	主动思考技术难点，具备一定的创新能力				
总结反思					

拓展阅读

现代煤化工清洁高效的关键技术——碳一化工

以传统煤、石油等化石燃料为能源的现代工业是碳排放的主要来源之一。作为化工行业重要的碳排放领域，煤化工是未来重点的改造、升级产业。对此，现代煤化工应运而生，其以煤气化为基础，基于合成气催化转化，有利于污染物集中脱除和治理，也是煤炭清洁高效利用的有效途径（图12-6）。

图12-6　煤气化设备

其中碳一化工技术是现代煤化工产业的关键技术，近10年来在工业化应用上已取得重大成功。

碳一化工（C1化工）是指以一个碳原子化合物（CO、CO_2、CH_4、CH_3OH及HCHO等）为原料，转化合成化工产品、液体燃料或化工材料的过程，特别是以合成气（$CO+H_2$）为基础原料的现代煤化工产业。

1. 碳一化工技术原料及应用

碳一化工技术的传统原料以煤和重油为主，随着能源结构的调整以及低碳政策驱动，甲烷资源也逐渐成为原料之一。碳一化工主要应用有以下三个方面：烃和燃料油类合成；含氧化合物合成，例如甲醇、甲酸、甲醛、醋酸、醋酐、高级醇、酯类等；含氮化合物合成，例如氢氰酸、二甲基甲酰胺（DMF）、异氰酸酯（TDI、MDI）、氨基酸类产品等。

2. 碳一化工领域的高效催化技术

（1）碳一化工热催化技术　碳一化工过程主要是以合成气和甲醇为基础物料的热催化转化过程，特别是近20年以大规模煤气化为基础的现代煤化工产业的迅猛发展，推动了热催化基础理论和工艺技术的逐步成熟。例如，CO加氢催化转化为甲烷、烃类油品、甲醇等产物已经实现大规模工业化应用；甲醇催化脱水可以逐步转化为二甲醚、烯烃、芳烃和汽油等产品，类似于CO加氢催化，CO_2加氢催化也可以选择性获得甲烷、甲醇、二甲醚和烃类化合物（如烯烃、芳烃和油品）等产品。

（2）碳一化工光电催化　利用光电催化进行二氧化碳还原合成化工产品或燃料，可以解决二氧化碳加氢反应中H_2来源问题，有可能实现二氧化碳的负排放。

电催化是溶液中的二氧化碳分子或二氧化碳溶剂化离子从电极表面获得电子而发生还原反应的过程，光催化二氧化碳还原反应以二氧化碳为原料，在可持续太阳能的驱动下将二氧化碳转化为能源产品和有机化学品。

3. 碳一化工技术的发展前景

近年来，碳一化工领域的高效催化技术、绿色低碳技术、分离净化技术、反应器大型化、系统优化技术等方面，取得了初步工业化或工程化进步，推动了我国能源化工产业的高质量发展。

碳一化工技术的核心是CO、甲醇以及二氧化碳等小分子的催化转化，探索新的工艺路线和催化剂制备技术，提高催化转化效率和产品选择性，降低过程能耗，减少碳排放，将是碳一化工技术发展的关键核心要素。

碳一化工涉及的产品繁多，工艺路线繁杂，可使许多有机化工产品从对石油的依赖中转变到煤上来，还能实现对现有某些工业中的“废气”（CO、CO_2）合理利用，特别是对煤的利用上，真正实现高附加值化及资源、能源、环保的高度统一，推动化工可持续发展。

反应器操作实训

项目十三

间歇反应釜单元

学习目标

【知识目标】

（1）掌握间歇反应釜的设备结构。
（2）掌握间歇反应釜的工作原理。
（3）掌握间歇反应釜置的基本工作流程。
（4）掌握间歇反应釜工作过程中关键参数的调控。
（5）掌握间歇反应釜典型故障的现象和解决方案。

【能力目标】

（1）能够根据开车操作规程，进行间歇反应釜开车操作。
（2）能够根据停车操作规程，进行间歇反应釜停车操作。
（3）能够根据温度等参数的运行，判断参数的波动和程度。
（4）能够正确处理参数的波动，保持装置稳定运行。
（5）能够及时正确判断事故类型，并且妥善处理事故。

【素质目标】

（1）具备诚实守信、爱岗敬业、精益求精的职业素养。
（2）在工作中具备较强的表达能力和沟通能力。
（3）具备严格遵守操作规程的意识。
（4）具备安全用电，正确防火、防爆、防毒意识。
（5）主动思考技术难点，具备一定的创新能力。

项目导言

间歇反应釜是指间歇进行化学反应的装置。在化工生产过程中，对于大批量生产通常采用连续反应器。对于批量生产，特别是不同规格和产值高的产品，往往采用间歇反应釜（图13-1）。间歇反应釜具有操作灵活、生产可变、投资低、上马快等特点，因此广泛应用于医药、农药、染料和各种精细化工工业。

图13-1　间歇反应釜

项目任务

一、工艺流程简介

间歇反应在助剂、制药、染料等行业的生产过程中很常见。本工艺过程的产品 $C_{12}H_8N_2S_2O_4$（2-巯基苯并噻唑）就是橡胶制品硫化促进剂DM（2，2-二硫代苯并噻唑）的中间产品，它本身也是硫化促进剂，但活性不如DM。

全流程的缩合反应包括备料工序和缩合工序。考虑到突出重点，将备料工序略去。则缩合工序共有三种原料：多硫化钠（Na_2S_n）、邻硝基氯苯（$C_6H_4ClNO_2$）及二硫化碳（CS_2）。

主反应如下：

$$2C_6H_4ClNO_2+Na_2S_n \rightarrow C_{12}H_8N_2S_2O_4+2NaCl+(n-2)S\downarrow$$

$$C_{12}H_8N_2S_2O_4+2CS_2+2H_2O+3Na_2S_n \rightarrow 2C_7H_4NS_2Na\text{（巯基苯并噻唑钠）}+$$
$$2H_2S\uparrow+2Na_2S_2O_3+(3n-4)S\downarrow$$

副反应如下：

$$C_6H_4ClNO_2+Na_2S_n+H_2O \rightarrow C_6H_6NCl\text{（对氯苯胺）}+Na_2S_2O_3+(n-2)S\downarrow$$

工艺流程如图13-2所示，来自备料工序的 CS_2、$C_6H_4ClNO_2$、Na_2S_n 分别注入计量罐及沉淀罐中，经计量沉淀后利用位差及离心泵压入反应釜中，釜温由夹套中的蒸汽、冷却水及蛇管中的冷却水控制，设有分程控制TIC101（只控制冷却水），通过控制反应釜温来控制反应速度及副反应速度，从而获得较高的收率及确保反应过程安全。

在本工艺流程中，主反应的活化能要比副反应的活化能要高，因此升温后更

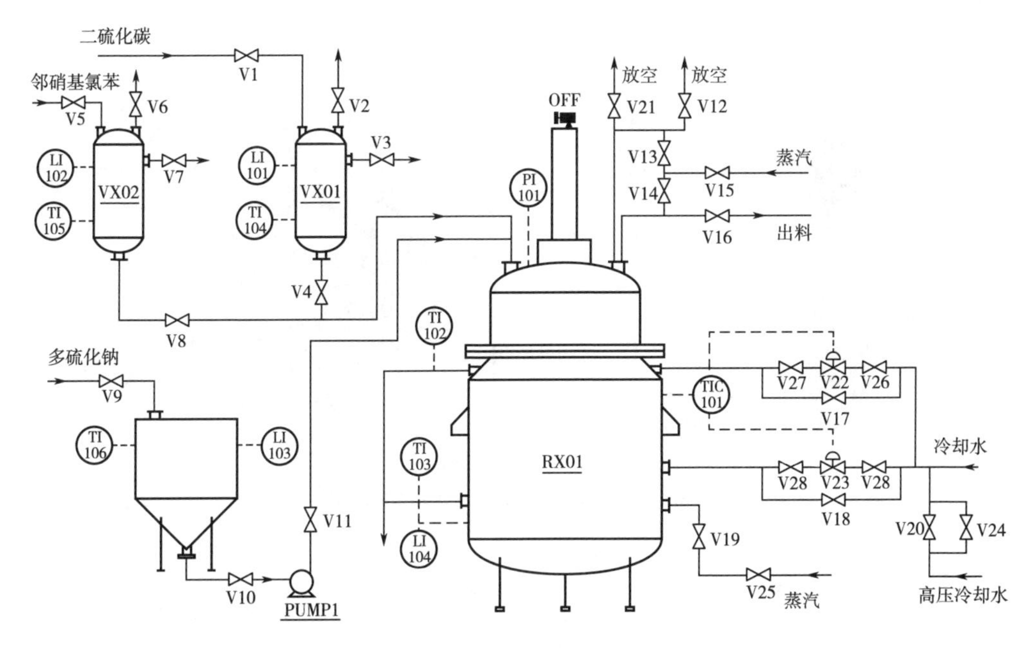

图 13-2　间歇反应釜技能培训工艺流程图

利于反应收率。在 90℃的时候，主反应和副反应的速度比较接近。因此，要尽量延长反应温度在 90℃以上时的时间，以获得更多的主反应产物。

二、 DCS 图、现场图

间歇反应釜仿真单元 DCS 与现场图如图 13-3 与图 13-4 所示。

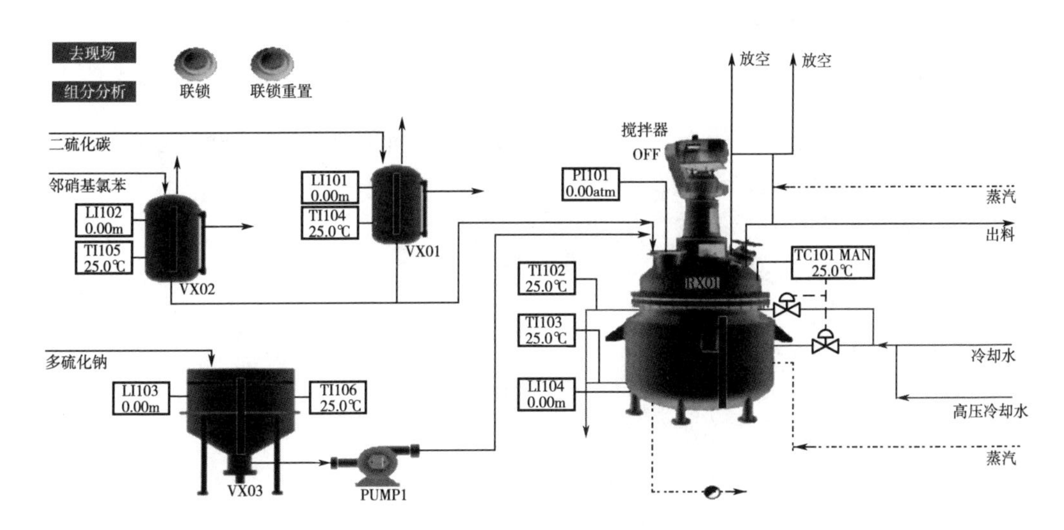

图 13-3　间歇反应釜仿真单元 DCS 图

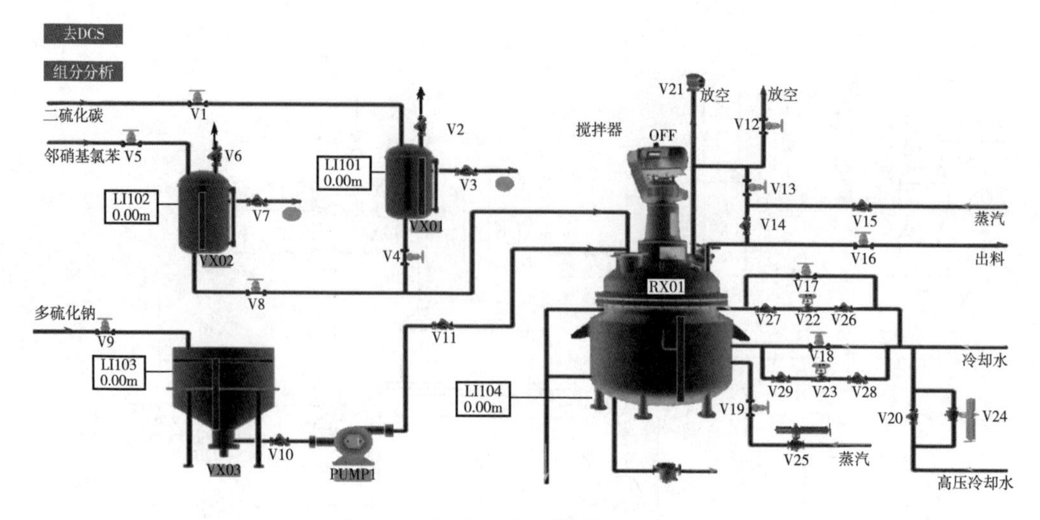

图 13-4 间歇反应釜仿真单元现场图

三、操作步骤

（一）冷态开车

1. 备料过程

（1）向沉淀罐 VX03 进料（Na_2S_n）

①开阀门 V9，向罐 VX03 充液。

②VX03 液位接近 3.60m 时，关小 V9，至 3.60m 时关闭 V9。

③静置 4min（实际 4h）备用。

（2）向计量罐 VX01 进料（CS_2）

①开放空阀门 V2。

②开溢流阀门 V3。

③开进料阀 V1，开度约为 50%，向罐 VX01 充液。液位接近 1.4m 时，可关小 V1。

④溢流标志变绿后，迅速关闭 V1。

⑤待溢流标志再度变红后，可关闭溢流阀 V3。

（3）向计量罐 VX02 进料（邻硝基氯苯）

①开放空阀门 V6。

②开溢流阀门 V7。

③开进料阀 V5，开度约为 50%，向罐 VX01 充液。液位接近 1.2m 时，可关小 V5。

④溢流标志变绿后，迅速关闭 V5。

⑤待溢流标志再度变红后，可关闭溢流阀 V7。

2. 进料

（1）微开放空阀 V12，准备进料。

（2）从 VX03 中向反应釜 RX01 中进料（Na_2S_n）。

①打开泵前阀 V10，向进料泵 PUM1 中充液。

②打开进料泵 PUM1。

③打开泵后阀 V11，向 RX01 中进料。

④至液位小于 0.1m 时停止进料。关泵后阀 V11。

⑤关泵 PUM1。

⑥关泵前阀 V10。

（3）从 VX01 中向反应釜 RX01 中进料（CS_2）。

①检查放空阀 V2 开放。

②打开进料阀 V4 向 RX01 中进料。

③待进料完毕后关闭 V4。

（4）从 VX02 中向反应釜 RX01 中进料（邻硝基氯苯）。

①检查放空阀 V6 开放。

②打开进料阀 V8 向 RX01 中进料。

③待进料完毕后关闭 V8。

（5）进料完毕后关闭放空阀 V12。

3. 开车阶段

（1）检查放空阀 V12、进料阀 V4、V8、V11 是否关闭。打开联锁控制。

（2）开启反应釜搅拌电机 M1。

（3）适当打开夹套蒸汽加热阀 V19，观察反应釜内温度和压力上升情况，保持适当的升温速度。

（4）控制反应温度直至反应结束。

4. 反应过程控制

（1）当温度升至 55~65℃关闭 V19，停止通蒸汽加热。

（2）当温度升至 70~80℃时微开 TIC101（冷却水阀 V22、V23），控制升温速度。

（3）当温度升至 110℃以上时，是反应剧烈的阶段。应小心加以控制，防止超温。当温度难以控制时，打开高压水阀 V20。并可关闭搅拌器 M1 以使反应降速。当压力过高时，可微开放空阀 V12 以降低气压，但放空会使 CS_2 损失，污染大气。

（4）反应温度大于 128℃时，相当于压力超过 8atm，已处于事故状态，如联锁开关处于“on”的状态，联锁起动（开高压冷却水阀，关搅拌器，关加热蒸汽阀）。

（5）压力超过 15atm（相当于温度大于 160℃），反应釜安全阀 V21 作用。

（二）正常停车

（1）打开放空阀 V12 的时间为 5~10s，放掉釜内残存的可燃气体，关闭 V12。

（2）向釜内通增压蒸汽

①打开蒸汽总阀 V15。

②打开蒸汽加压阀 V13 给釜内升压，使釜内气压高于 4 个大气压。

（3）打开蒸汽预热阀 V14 片刻。

（4）打开出料阀门 V16 出料。

（5）出料完毕后保持开 V16 约 10s 进行吹扫。

（6）关闭出料阀 V16（尽快关闭，超过 1min 不关闭将不能得分）。

（7）关闭蒸汽阀 V15。

（三）事故处理

间歇反应釜事故现象及处理方案如表 13-1 所示。

表 13-1　　间歇反应釜事故现象及处理方案表

事故名称	事故现象	处理方案
超温（压）事故	温度大于 128℃（气压大于 8atm）	开大冷却水，打开高压冷却水阀 V20； 关闭搅拌器 PUM1，使反应速度下降； 如果气压超过 12atm，打开放空阀 V12
搅拌器 M1 停转	反应速度逐渐下降为低值，产物浓度变化缓慢	停止操作，出料维修
冷却水阀 V22、V23 堵塞	开大冷却水阀对控制反应釜温度无作用，且出口温度稳步上升	开出料预热蒸汽阀 V14 吹扫 5min 以上（仿真中采用）。拆下出料管用火烧化硫黄或更换管段及阀门
出料管堵塞	出料时，内气压较高， 但釜内液位下降很慢	停工
测温电阻连线故障	温度显示置零	改用压力显示对反应进行调节（调节冷却水用量）； 升温至压力为 0.3~0.75atm 就停止加热； 升温至压力为 1.0~1.6atm 开始通冷却水； 压力为 3.5~4atm 以上为反应剧烈阶段； 反应压力大于 7atm，相当于温度大于 128℃处于故障状态； 反应压力大于 10atm，反应釜联锁起动； 反应压力大于 15atm，反应釜安全阀起动 （以上压力为表压）

四、思考与讨论

请在表 13-2 中根据设备位号写出设备名称，或者根据设备名称写出设备位号。

表 13-2　间歇反应釜设备位号与名称测试

设备位号	设备名称	设备位号	设备名称
	反应釜温度控制	LI101	
	反应釜夹套冷却水温度	LI102	
	反应釜蛇管冷却水温度	LI103	
	CS_2 计量罐温度	LI104	
	邻硝基氯苯罐温度	PI101	
	多硫化钠沉淀罐温度		

五、项目操作结果评价

完成项目操作后，请填写结果评价表（表 13-3）。

表 13-3　间歇应釜项目操作结果评价表

姓名		学号		班级	
组别		组长		成员	
项目名称					

维度	评价内容	自评	互评	师评	总评
知识	掌握间歇反应釜的设备结构				
	掌握间歇反应釜的工作原理				
	掌握间歇反应釜的基本工作流程				
	掌握间歇反应釜工作过程中关键参数的调控				
	掌握间歇反应釜典型故障的现象和解决方案				
能力	能够根据开车操作规程，进行间歇反应釜开车操作				
	能够根据停车操作规程，进行间歇反应釜停车操作				
	能够根据温度等参数的运行，判断参数的波动和程度				
	能够正确处理参数的波动，保持装置稳定运行				
	能够及时正确判断事故类型，并且妥善处理事故				
素质	具备诚实守信、爱岗敬业、精益求精的职业素养				
	在工作中具备较强的表达能力和沟通能力				
	具备严格遵守操作规程的意识				
	具备安全用电，正确防火、防爆、防毒意识				
	主动思考技术难点，具备一定的创新能力				

总结反思	

拓展阅读

碳达峰、碳中和

我国2020年在联合国大会上明确提出二氧化碳排放力争于2030年前达到峰值，努力争取2060年前实现碳中和。在2021年全国两会上，“碳达峰”“碳中和”被首次写入政府工作报告。在2021年3月15日召开的中央财经委员会第九次会议上，碳达峰、碳中和被纳入生态文明建设整体布局，全社会应拿出抓铁有痕的劲头，如期实现2030年前碳达峰、2060年前碳中和的目标。

什么是碳达峰和碳中和？

碳达峰是指我国承诺2030年前，二氧化碳的排放不再增长，达到峰值之后逐步降低。

碳中和是指企业、团体或个人测算在一定时间内直接或间接产生的温室气体排放总量，然后通过造树造林、节能减排等形式，抵消自身产生的二氧化碳排放量，实现二氧化碳“零排放”。

为什么提出碳中和目标？

气候变化是人类面临的全球性问题，随着各国二氧化碳排放，温室气体猛增，对生命系统形成威胁。在这一背景下，世界各国以全球协约的方式减排温室气体，我国由此提出碳达峰和碳中和目标。此外，我国作为“世界工厂”，产业链日渐完善，国产制造加工能力与日俱增，同时碳排放量加速攀升。但我国油气资源相对匮乏，发展低碳经济、重塑能源体系具有重要意义。

项目十四

固定床反应器单元

学习目标

【知识目标】

（1）掌握固定床反应器的设备结构。

（2）掌握固定床反应器的工作原理。

（3）掌握固定床反应器的基本工作流程。

（4）掌握固定床反应器工作过程中关键参数的调控。

（5）掌握固定床反应器典型故障的现象和解决方案。

【能力目标】

（1）能够根据开车操作规程，进行固定床反应器开车操作。

（2）能够根据停车操作规程，进行固定床反应器停车操作。

（3）能够根据温度等参数的运行，判断参数的波动和程度。

（4）能够正确处理参数的波动，保持装置稳定运行。

（5）能够及时正确判断事故类型，并且妥善处理事故。

【素质目标】

（1）具备诚实守信、爱岗敬业、精益求精的职业素养。

（2）在工作中具备较强的表达能力和沟通能力。

（3）具备严格遵守操作规程的意识。

（4）具备安全用电，正确防火、防爆、防毒意识。

（5）主动思考技术难点，具备一定的创新能力。

项目导言

在进行多相过程的设备中，若有固相参与且处于静止状态时，则设备内的固体颗粒物料层，称为固定床（图 14-1）。例如，固定床离子交换柱中的离子交换树脂层，固定床催化反应器中的催化剂颗粒层，固定床吸附器中的吸附剂颗粒层等，均属于固定床。固定床又称填充床反应器，装填有固体催化剂或固体反应物用以实现多相反应过程的一种反应器。固体物通常呈颗粒状，粒径为 2~15mm，堆积成一定高度或厚度的床层。床层静止不动，流体通过床层进行反应。它与流化床反应器及移动床反应器的区别在于固体颗粒处于静止状态。

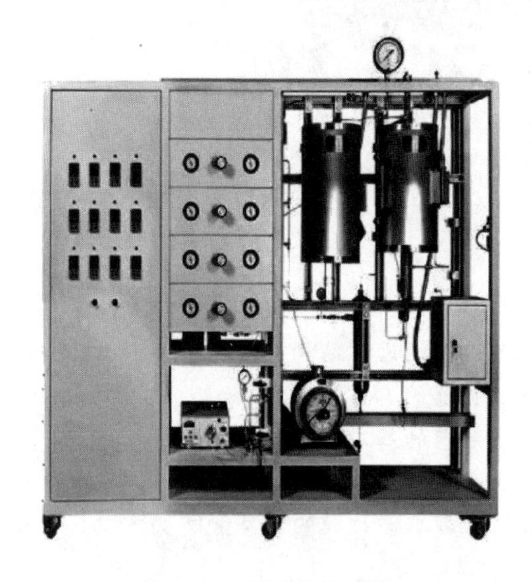

图 14-1　固定床反应器

固定床反应器主要用于实现气固相催化反应，如氨合成塔、二氧化硫接触氧化器、烃类蒸汽转化炉等。用于气固相或液固相非催化反应时，床层则填装固体反应物。涓流床反应器（又称滴流床反应器）也可以归属于固定床反应器，气相、液相并流向下通过床层，呈气液固相接触。

项目任务

一、工艺流程简介

本流程为利用催化加氢脱乙炔的工艺，工艺流程图如图 14-2 所示。乙炔是通过等温加氢反应器除掉的，反应器温度由壳侧中冷剂温度控制。

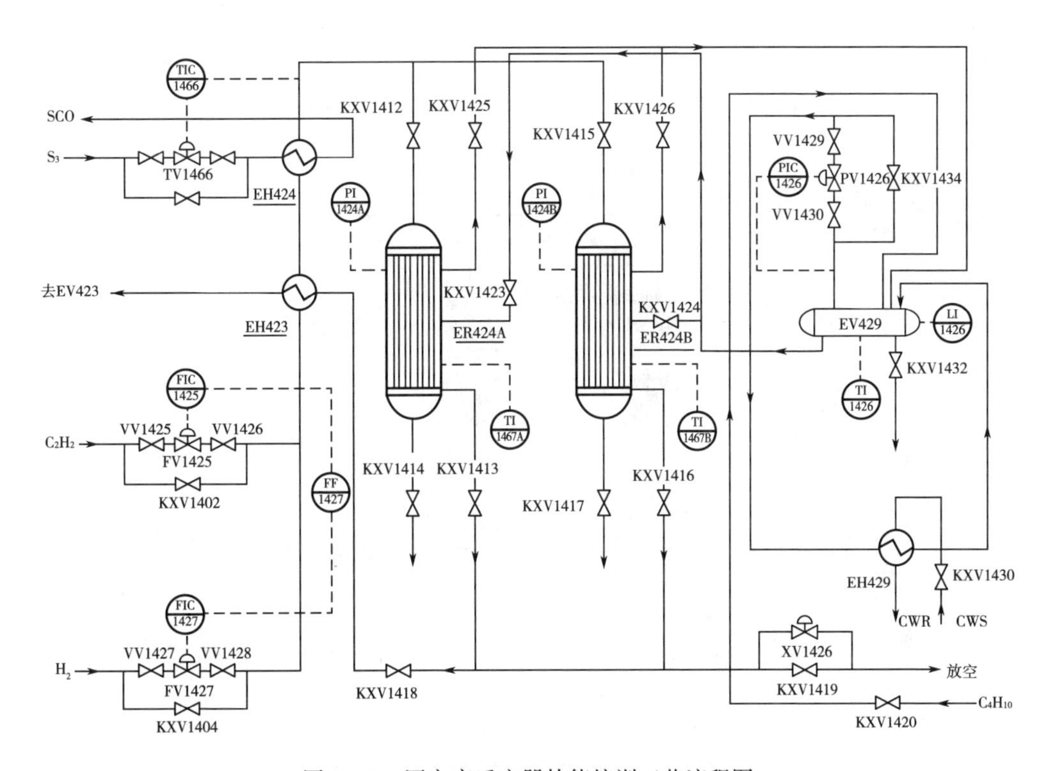

图 14-2　固定床反应器技能培训工艺流程图

主反应为：$nC_2H_2+2nH_2 \rightarrow (C_2H_6)_n$，该反应是放热反应。每克乙炔反应后放出热量约为 1.42×10^5kJ。温度超过 66℃时有副反应：$2nC_2H_4 \rightarrow (C_4H_8)_n$，该反应也是放热反应。

冷却介质为液态丁烷，通过丁烷蒸发带走反应器中的热量，丁烷蒸气通过冷却水冷凝。

反应原料分两股，一股为约-15℃的以 C_2 为主的烃原料，进料量由流量控制器 FIC1425 控制；另一股为 H_2 与 CH_4 的混合气，温度约 10℃，进料量由流量控制器 FIC1427 控制。FIC1425 与 FIC1427 为比值控制，两股原料按一定比例在管线中混合后经原料气/反应气换热器（EH423）预热，再经原料预热器（EH424）预热到 38℃，进入固定床反应器（ER424A/B）。预热温度由温度控制器 TIC1466 通过调节预热器 EH424 加热蒸气（S_3）的流量来控制。

ER424A/B 中的反应原料在 2.523MPa、44℃下反应生成 C_2H_6。当温度过高时会发生 C_2H_4 聚合生成 C_4H_8 的副反应。反应器中的热量由反应器壳侧循环的加压 C4 冷剂蒸发带走。C4 蒸气在水冷器 EH429 中由冷却水冷凝，而 C4 冷剂的压力由压力控制器 PIC1426 通过调节 C4 蒸气冷凝回流量来控制，从而保持 C4 冷剂的温度。

二、 DCS 图、现场图

固定床反应器仿真单元 DCS 与现场图如图 14-3 与图 14-4 所示。

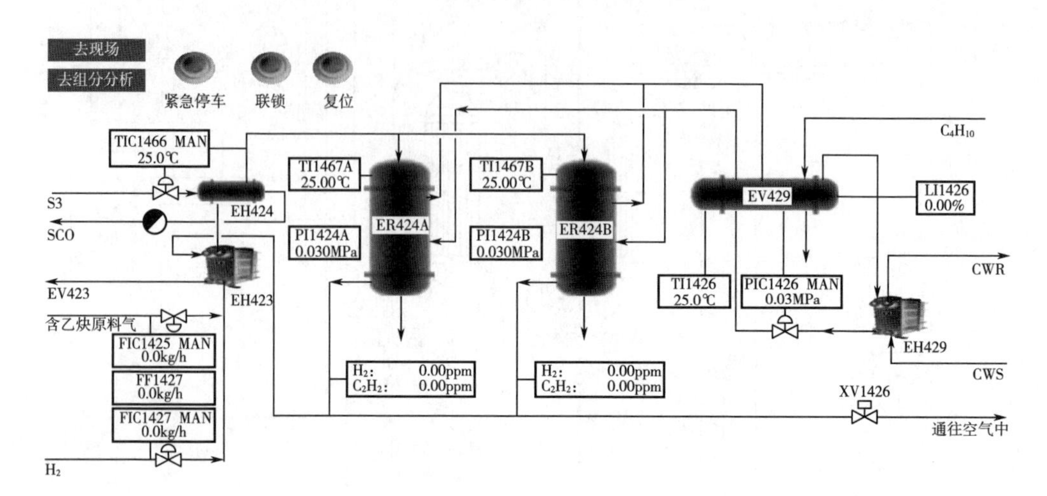

图 14-3 固定床反应器仿真单元 DCS 图

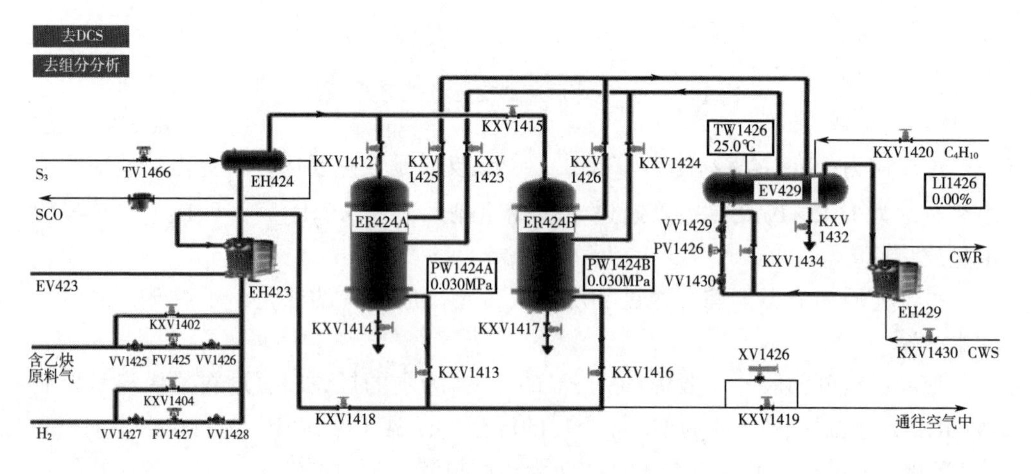

图 14-4 固定床反应器仿真单元现场图

三、操作步骤

（一）冷态开车

1. EV429 闪蒸器充丁烷

（1）确认 EV429 压力为 0.03 MPa。

（2）打开 EV429 回流阀 PV1426 的前后阀 VV1429、VV1430。

（3）调节 PV1426（PIC1426）阀开度为 50%。

（4）EH429 通冷却水，打开 KXV1430，开度为 50%。

（5）打开 EV429 的丁烷进料阀门 KXV1420，开度为 50%。

（6）当 EV429 液位到达 50%时，关进料阀 KXV1420。

2. ER424A 反应器充丁烷

（1）确认事项

①反应器 0.03 MPa 保压。

②EV429 液位到达 50%。

（2）充丁烷　打开丁烷冷剂进 ER424A 壳层的阀门 KXV1423，有液体流过，充液结束；同时打开出 ER424A 壳层的阀门 KXV1425。

3. ER424A 启动

（1）启动前准备工作

①ER424A 壳层有液体流过。

②打开 S_3 蒸气进料控制 TIC1466。

③调节 PIC1426 设定，压力控制设定在 0.4MPa。

（2）ER424A 充压、实气置换

①打开 FIC1425 的前后阀 VV1425、VV1426 和 KXV1412。

②打开阀 KXV1418。

③微开 ER424A 出料阀 KXV1413，丁烷进料控制 FIC1425（手动），慢慢增加进料，提高反应器压力，充压至 2.523MPa。

④慢开 ER424A 出料阀 KXV1413 至 50%，充压至压力平衡。

⑤乙炔原料进料控制 FIC1425 设自动，设定值 56186.8kg/h。

（3）ER424A 配氢，调整丁烷冷剂压力

①稳定反应器入口温度在 38.0℃，使 ER424A 升温。

②当反应器温度接近 38.0℃（超过 35.0℃），准备配氢。打开 FV1427 的前后阀 VV1427、VV1428。

③氢气进料控制 FIC1427 设自动，流量设定为 80kg/h。

④观察反应器温度变化，当氢气量稳定后，FIC1427 设手动。

⑤缓慢增加氢气量，注意观察反应器温度变化。

⑥氢气流量控制阀开度每次增加不超过 5%。

⑦氢气量最终加至 200kg/h 左右，此时 $H_2/C_2=2.0$，FIC1427 投串级。

⑧控制反应器温度在 44.0℃左右。

（二）正常停车

1. 正常停车

（1）关闭氢气进料，关 VV1427、VV1428，FIC1427 设手动，设定值为 0%。

（2）关闭加热器 EH424 蒸气进料，TIC1466 设手动，开度为 0%。
（3）闪蒸器冷凝回流控制 PIC1426 设手动，开度为 100%。
（4）逐渐减少乙炔进料，开大 EH429 冷却水进料。
（5）逐渐降低反应器温度、压力，至常温、常压。
（6）逐渐降低闪蒸器温度、压力，至常温、常压。

2. 紧急停车

（1）与停车操作规程相同。
（2）也可按急停车按钮。

（三）正常运行管理及事故处理

1. 正常工况下工艺参数

（1）正常运行时，反应器温度 TI1467A 为 44.0℃，压力 PI1424A 控制在 2.523MPa。
（2）FIC1425 设自动，设定值 56186.8kg/h，FIC1427 设串级。
（3）PIC1426 压力控制在 0.4MPa，EV429 温度 TI1426 控制在 38.0℃。
（4）TIC1466 设自动，设定值 38.0℃。
（5）ER424A 出口氢气浓度低于 50mL/m^3，乙炔浓度低于 200mL/m^3。
（6）EV429 液位 LI1426 为 50%。

2. ER424A 与 ER424B 间切换

（1）关闭氢气进料。

（2）ER424A 温度下降低于 38.0℃ 后，打开 C4 冷剂进 ER424B 的阀门 KXV1424、KXV1426，关闭 C4 冷剂进 ER424A 的阀门 KXV1423、KXV1425。

（3）开 C_2H_2 进 ER424B 的阀门 KXV1415，微开阀门 KXV1416。关 C_2H_2 进 ER424A 的阀门 KXV1412。

3. ER424B 的操作

ER424B 的操作与 ER424A 操作相同。

固定床反应器事故现象及处理方案如表 14-1 所示。

表 14-1　固定床反应器事故现象及处理方案表

事故名称	事故现象	处理方案
氢气进料阀卡住	氢气量无法自动调节	降低 EH429 冷却水的量； 用旁路阀 KXV1404 手动调节氢气量
预热器 EH424 阀卡住	换热器出口温度超高	增加 EH429 冷却水的量； 减少配氢量
闪蒸器压力调节阀卡	闪蒸器压力、温度超高	增加 EH429 冷却水的量； 用旁路阀 KXV1434 手动调节
反应器漏气	反应器压力迅速降低	停工

续表

事故名称	事故现象	处理方案
EH429 冷却水停	闪蒸器压力，温度超高	停工
反应器超温	反应器温度超高，会引发乙烯聚合的副反应	增加 EH429 冷却水的量

四、思考与讨论

请在表 14-2 中根据设备位号写出设备名称，或者根据设备名称写出设备位号。

表 14-2　　固定床反应器设备位号与名称测试

设备位号	设备名称	设备位号	设备名称
PIC1426		TI1467B	
TIC1466			EV429 压力
FIC1425			EV429 液位
FIC1427			
FT1425			
FT1427			
TC1466			
TI1467A			

五、项目操作结果评价

完成项目操作后，请填写结果评价表（表 14-3）。

表 14-3　　固定床反应器项目操作结果评价表

<table>
<tr><td colspan="2">姓名</td><td></td><td>学号</td><td></td><td colspan="2">班级</td><td colspan="2"></td></tr>
<tr><td colspan="2">组别</td><td></td><td>组长</td><td></td><td colspan="2">成员</td><td colspan="2"></td></tr>
<tr><td colspan="2">项目名称</td><td colspan="7"></td></tr>
<tr><td>维度</td><td colspan="4">评价内容</td><td>自评</td><td>互评</td><td>师评</td><td>总评</td></tr>
<tr><td rowspan="5">知识</td><td colspan="4">掌握固定床反应器的设备结构</td><td></td><td></td><td></td><td></td></tr>
<tr><td colspan="4">掌握固定床反应器的工作原理</td><td></td><td></td><td></td><td></td></tr>
<tr><td colspan="4">掌握固定床反应器的基本工作流程</td><td></td><td></td><td></td><td></td></tr>
<tr><td colspan="4">掌握固定床反应器工作过程中关键参数的调控</td><td></td><td></td><td></td><td></td></tr>
<tr><td colspan="4">掌握固定床反应器典型故障的现象和解决方案</td><td></td><td></td><td></td><td></td></tr>
</table>

续表

维度	评价内容	自评	互评	师评	总评
能力	能够根据开车操作规程，进行固定床反应器开车操作				
	能够根据停车操作规程，进行固定床反应器停车操作				
	能够根据温度等参数的运行，判断参数的波动和程度				
	能够正确处理参数的波动，保持装置稳定运行				
	能够及时正确判断事故类型，并且妥善处理事故				
素质	具备诚实守信、爱岗敬业、精益求精的职业素养				
	在工作中具备较强的表达能力和沟通能力				
	具备严格遵守操作规程的意识				
	具备安全用电，正确防火、防爆、防毒意识				
	主动思考技术难点，具备一定的创新能力				
总结反思					

拓展阅读

新型催化剂实现高效全分解水制氢

中国科学院大连化学物理研究所研究员章福祥团队在宽光谱捕光催化剂全分解水制氢研究中取得新进展。他们发现金属载体强相互作用可显著促进 $Ir/BiVO_4$ 光催化剂体系的界面电荷分离和水氧化性能，进而建立了高效的“Z”机制全分解水制氢体系，其室温下制氢表观量子效率达到 16.9%。近日，相关成果发表于《焦耳》(*Joule*)。

利用悬浮粉末光催化剂全分解水制氢，虽然被认为是最廉价、最易规模化应用的太阳能光化学转化途径之一，但其制氢效率一直受光生电荷分离效率低的制约。

在该研究中，团队通过高温氢还原处理获得具有 SMSI（Strong Metal-Support Interactions，金属-载体强相互作用）的 $Ir/BiVO_4$ 光催化剂，发现金属载体强相互作用可显著促进其界面电荷分离。此外，团队通过原位光诱导实现负载 Ir 物种在 $BiVO_4$ 晶面定向转化成 Ir 和 IrO_2 双助催化剂，进一步提高其表面催化和电荷分离能力，使得 $BiVO_4$ 产氧性能提升 75 倍以上。在此基础上，团队通过耦合 TaON 基产氢光催化剂，建立了“Z”机制可见光催化全分解水制氢新体系（图 14-5）。

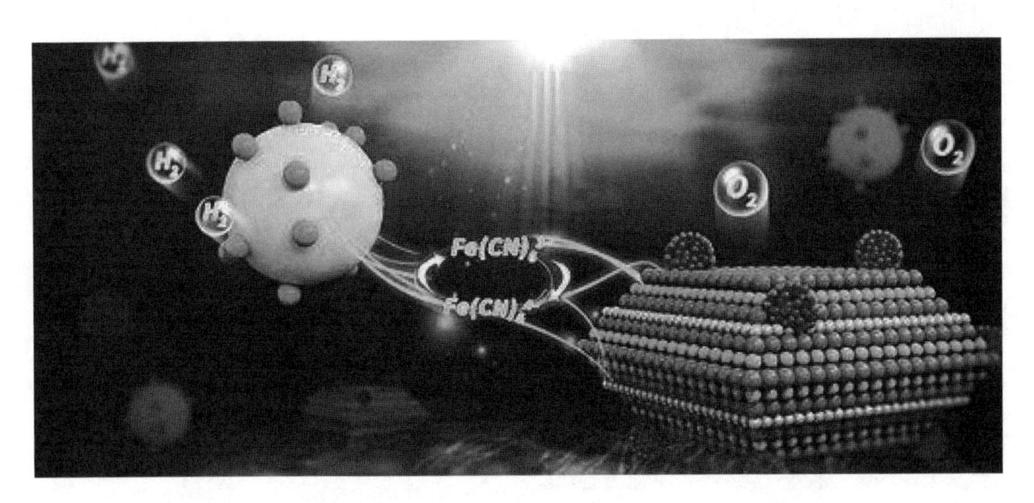

图 14-5　水制氢示意图（中国科学院大连化学物理研究所供图）

该研究不仅将金属载体强相互作用的应用从传统的热催化领域拓展至光催化领域，而且为促进光生电荷分离提供了新思路，有望为构筑高效光催化新体系奠定科学基础。

项目十五

流化床反应器单元

学习目标

【知识目标】

（1）掌握流化床反应器的设备结构。

（2）掌握流化床反应器的工作原理。

（3）掌握流化床反应器的基本工作流程。

（4）掌握流化床反应器工作过程中关键参数的调控。

（5）掌握流化床反应器典型故障的现象和解决方案。

【能力目标】

（1）能够根据开车操作规程，进行流化床反应器开车操作。

（2）能够根据停车操作规程，进行流化床反应器停车操作。

（3）能够根据温度等参数的运行，判断参数的波动和程度。

（4）能够正确处理参数的波动，保持装置稳定运行。

（5）能够及时正确判断事故类型，并且妥善处理事故。

【素质目标】

（1）具备诚实守信、爱岗敬业、精益求精的职业素养。

（2）在工作中具备较强的表达能力和沟通能力。

（3）具备严格遵守操作规程的意识。

（4）具备安全用电，正确防火、防爆、防毒意识。

（5）主动思考技术难点，具备一定的创新能力。

项目导言

流化床反应器是指气体在由固体物料或催化剂构成的沸腾床层内进行化学反应的设备，又称“沸腾床反应器”（图 15-1）。气体在一定的流速范围内，将堆成一定厚度（床层）的催化剂或物料的固体细粒强烈搅动，使之像沸腾的液体一样并具有液体的一些特性，如对器壁有流体压力的作用、能溢流和具有黏度等，此种操作状况称为“流化床”。反应器上部有扩大段，内装旋风分离器，用以回收被气体带走的催化剂；底部设置原料进口管和气体分布板；中部为反应段，装有冷却水管和导向挡板，用以控制反应温度和改善气固接触条件。

图 15-1　流化床反应器

项目任务

一、工艺流程简介

本工艺为单独进行流化床反应器技能培训而设计，其工艺流程如图 15-2 所示。

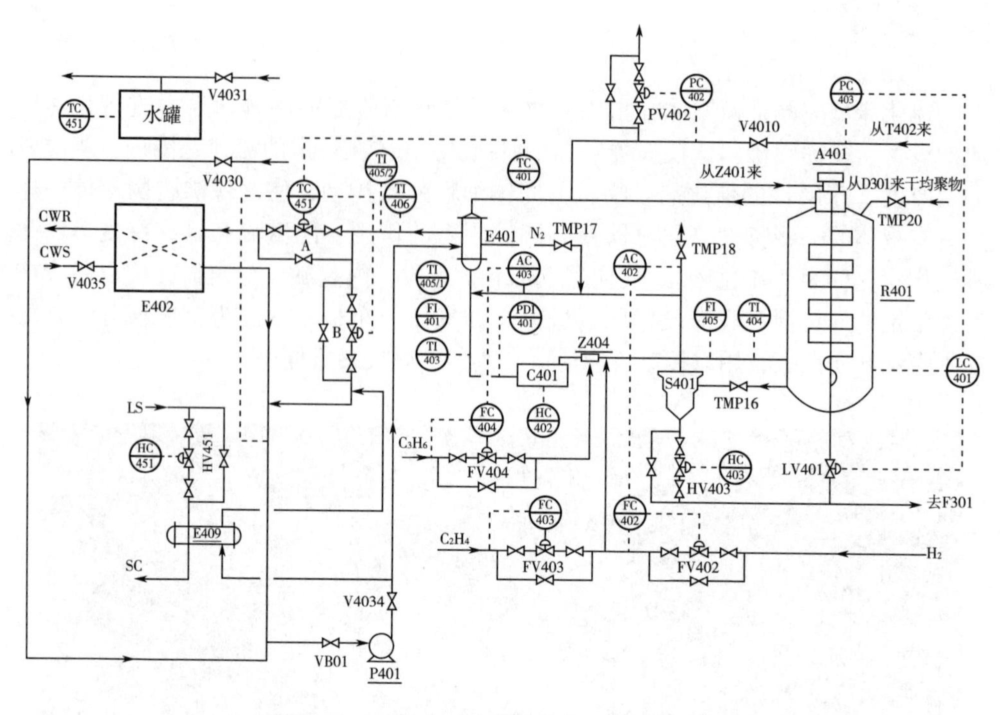

图 15-2 流化床反应器技能培训工艺流程图

该流化床反应器取材于 HIMONT 工艺本体聚合装置，用于生产高抗冲击共聚物。具有剩余活性的干均聚物（聚丙烯），在压差作用下自闪蒸罐 D301 流到该气相共聚反应器 R401。

在气体分析仪的控制下，氢气被加到乙烯进料管道中，以改进聚合物的本征黏度，满足加工需要。

聚合物从顶部进入流化床反应器，落在流化床的床层上。流化气体（反应单体）通过一个特殊设计的栅板进入反应器。由反应器底部出口管路上的控制阀来维持聚合物的料位。聚合物料位决定了停留时间，从而决定了聚合反应的程度，为了避免过度聚合的鳞片状产物堆积在反应器壁上，反应器内配置一转速较慢的刮刀，以使反应器壁保持干净。栅板下部夹带的聚合物细末，用一台小型旋风分离器 S401 除去，并送到下游的袋式过滤器中。所有未反应的单体循环返回到流化压缩机的吸入口。

来自乙烯汽提塔顶部的回收气相与气相反应器出口的循环单体汇合，而补充的氢气、乙烯和丙烯加入到压缩机排出口。循环气体用工业色谱仪进行分析，调节氢气和丙烯的补充量。然后调节补充的丙烯进料量以保证反应器的进料气体满足工艺要求的组成。换热操作用脱盐水作为冷却介质，用一台立式列管式换热器将聚合反应热撤出，该热交换器位于循环气体压缩机之前。

共聚物的反应压力约为1.4MPa、温度70℃，注意，该系统压力位于闪蒸罐压力和袋式过滤器压力之间，从而在整个聚合物管路中形成一定压力梯度，以避免容器间物料的返混并使聚合物向前流动。

反应原理：乙烯、丙烯以及反应混合气在一定的温度70℃、一定的压力1.35MPa下，通过具有剩余活性的干均聚物（聚丙烯）的引发，在流化床反应器里进行反应，同时加入氢气以改善共聚物的本征黏度，生成高抗冲击共聚物。

主要原料：乙烯、丙烯、具有剩余活性的干均聚物（聚丙烯）、氢气。

主产物：高抗冲击共聚物（具有乙烯和丙烯单体的共聚物）。

副产物：无。

反应方程式：

$$nC_2H_4+nC_3H_6 \longrightarrow [C_2H_4—C_3H_6]_n$$

二、 DCS图、现场图

流化床反应器仿真单元DCS与现场图如图15-3与图15-4所示。

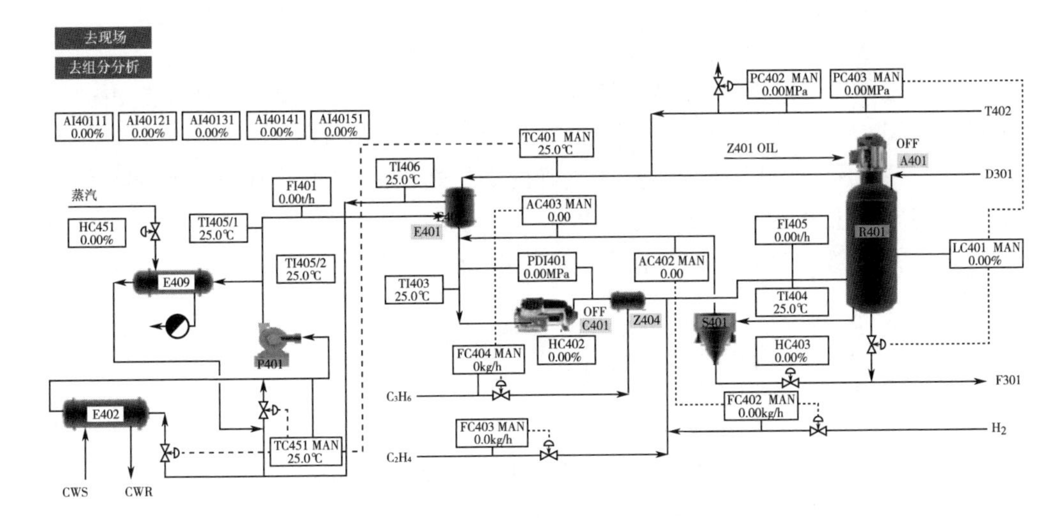

图15-3 流化床反应器仿真单元DCS图

三、操作步骤

（一）冷态开车

1. 开车准备

准备工作包括：系统中用氮气充压，循环加热氮气，随后用乙烯对系统进行置换（按照实际正常的操作，用乙烯置换系统要进行两次，考虑到时间关系，只进行一次）。这一过程完成之后，系统将准备开始单体开车。

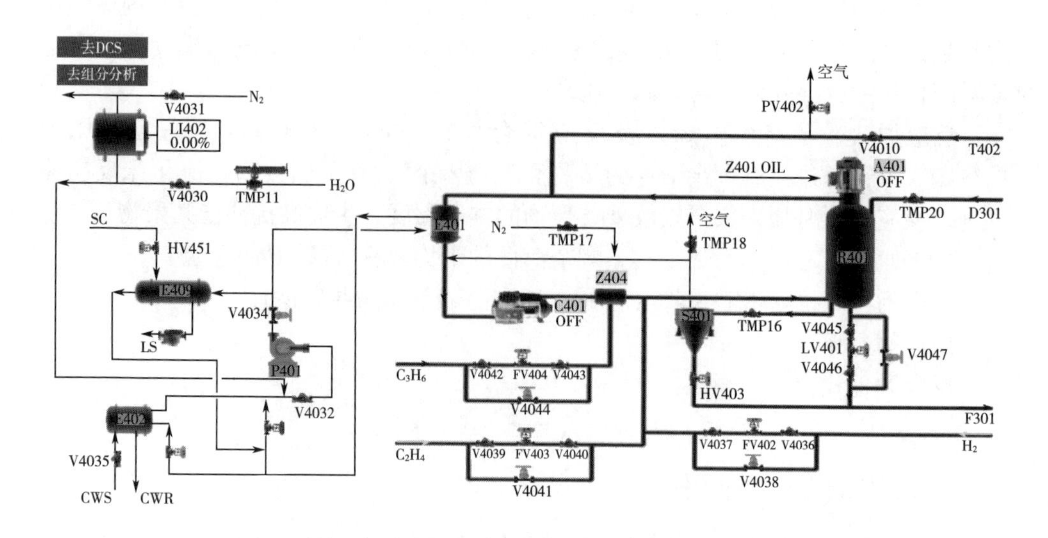

图 15-4 流化床反应器仿真单元现场图

（1）系统氮气充压加热

①充氮：打开充氮阀，用氮气给反应器系统充压，当系统压力达 0.7MPa 时，关闭充氮阀。

②当氮充压至 0.1MPa 时，按照正确的操作规程，启动 C401 共聚循环气体压缩机，将导流叶片（HIC402）定在 40%。

③环管充液：启动压缩机后，开进水阀 V4030，给水罐充液，开氮封阀 V4031。

④当水罐液位大于 10%时，开泵 P401 入口阀 V4032，启动泵 P401，调节泵出口阀 V4034 至 60%开度。

⑤冷却水循环流量 FI401 达到 56t/h 左右。

⑥手动开低压蒸汽阀 HC451，启动换热器 E409，加热循环氮气。

⑦打开循环水阀 V4035。

⑧当循环氮气温度达到 70℃时，TC451 投自动，调节其设定值，维持氮气温度 TC401 在 70℃左右。

（2）氮气循环

①当反应系统压力达 0.7MPa 时，关充氮阀。

②在不停压缩机的情况下，用 PIC402 和排放阀给反应系统泄压至 0.0MPa。

③在充氮泄压操作中，不断调节 TC451 设定值，维持 TC401 温度在 70℃左右。

（3）乙烯充压

①当系统压力降至 0.0MPa 时，关闭排放阀。

②由 FC403 开始乙烯进料，乙烯进料量设定在 567.0kg/h 时投自动调节，乙烯

使系统压力充至0.25MPa。

2. 干态运行开车

本规程旨在聚合物进入之前，共聚集反应系统具备合适的单体浓度，另外通过该步骤也可以在实际工艺条件下，预先对仪表进行操作和调节。

（1）反应进料

①当乙烯充压至0.25MPa时，启动氢气的进料阀FC402，氢气进料设定在0.102kg/h，FC402投自动控制。

②当系统压力升至0.5MPa时，启动丙烯进料阀FC404，丙烯进料设定在400kg/h，FC404投自动控制。

③打开自乙烯汽提塔来的进料阀V4010。

④当系统压力升至0.8MPa时，打开旋风分离器S401底部阀HC403至20%开度，维持系统压力缓慢上升。

（2）准备接收D301来的均聚物

①再次加入丙烯，将FIC404改为手动，调节FV404开度为85%。

②当AC402和AC403平稳后，调节HC403开度至25%。

③启动共聚反应器的刮刀，准备接收从闪蒸罐（D301）来的均聚物。

3. 共聚反应物的开车

①确认系统温度TC451维持在70℃左右。

②当系统压力升至1.2MPa时，开大HC403开度在40%和LV401开度在20%~25%，以维持流态化。

③打开来自D301的聚合物进料阀。

④停低压加热蒸汽，关闭HV451。

4. 稳定状态的过渡

（1）反应器的液位

①随着R401料位的增加，系统温度将升高，及时降低TC451的设定值，不断撤走反应热，维持TC401温度在70℃左右。

②调节反应系统压力在1.35MPa时，PC402自动控制。

③手动开启LV401至30%，让共聚物稳定地流过此阀。

④当液位达到60%时，将LC401设置投自动。

⑤随着系统压力的增加，料位将缓慢下降，PC402调节阀自动开大，为了维持系统压力在1.35MPa，缓慢提高PC402的设定值至1.40MPa。

⑥当LC401在60%投自动控制后，调节TC451的设定值，待TC401稳定在70℃左右时，TC401与TC451串级控制。

（2）反应器压力和气相组成控制

①压力和组成趋于稳定时，将LC401和PC403投串级。

②FC404和AC403串级联结。

③FC402 和 AC402 串级联结。

（二）正常停车

1. 降反应器料位

（1）关闭催化剂来料阀 TMP20。

（2）手动缓慢调节反应器料位。

2. 关闭乙烯进料，保压

（1）当反应器料位降至 10%，关乙烯进料。

（2）当反应器料位降至 0%，关反应器出口阀。

（3）关闭旋风分离器 S401 上的出口阀。

3. 关丙烯及氢气进料

（1）手动切断丙烯进料阀。

（2）手动切断氢气进料阀。

（3）排放导压至火炬。

（4）停反应器刮刀 A401。

4. 氮气吹扫

（1）将氮气加入该系统。

（2）当压力达 0. 35MPa 时放火炬。

（3）停压缩机 C401。

（三）事故处理

1. 泵 P401 停

现象：温度调节器 TC451 急剧上升，然后 TC401 随之升高。

处理：①调节丙烯进料阀 FV404，增加丙烯进料量。

②调节压力调节器 PC402，维持系统压力。

③调节乙烯进料阀 FV403，维持 C_2/C_3 比。

2. 压缩机 C-401 停

现象：系统压力急剧上升。

处理：①关闭催化剂来料阀 TMP20。

②手动调节 PC402，维持系统压力。

③手动调节 LC401，维持反应器料位。

3. 丙烯进料停

现象：丙烯进料量为 0. 0。

处理：①手动关小乙烯进料量，维持 C_2/C_3 比。

②关催化剂来料阀 TMP20。

③手动关小 PV402，维持压力。

④手动关小 LC401，维持料位。

4. 乙烯进料停

现象：乙烯进料量为 0.0。

处理：①手动关丙烯进料，维持 C_2/C_3 比。

②手动关小氢气进料，维持 H_2/C_2 比。

5. D301 供料停

现象：D301 供料停止。

处理：①手动关闭 LV401。

②手动关小丙烯和乙烯进料。

③手动调节压力。

四、思考与讨论

请在表 15-1 中根据设备位号写出设备名称，或者根据设备名称写出设备位号。

表 15-1　流化床反应器设备位号与名称测试

设备位号	设备名称	设备位号	设备名称
FC402			R401 气相进料流量
FC403		TI402	
FC404			E401 出口温度
PC402		TI404	
	R401 压力		E401 入口水温度
LC401			E401 出口水温度
TC401			E401 出口水温度
	E401 循环水流量		

五、项目操作结果评价

完成项目操作后，请填写结果评价表（表 15-2）。

表 15-2 流化床反应器项目操作结果评价表

姓名		学号		班级			
组别		组长		成员			
项目名称							
维度	评价内容			自评	互评	师评	总评
知识	掌握流化床反应器的设备结构						
	掌握流化床反应器的工作原理						
	掌握流化床反应器的基本工作流程						
	掌握流化床反应器工作过程中关键参数的调控						
	掌握流化床反应器典型故障的现象和解决方案						
能力	能够根据开车操作规程，进行流化床反应器开车操作						
	能够根据停车操作规程，进行流化床反应器停车操作						
	能够根据温度等参数的运行，判断参数的波动和程度						
	能够正确处理参数的波动，保持装置稳定运行						
	能够及时正确判断事故类型，并且妥善处理事故						
素质	具备诚实守信、爱岗敬业、精益求精的职业素养						
	在工作中具备较强的表达能力和沟通能力						
	具备严格遵守操作规程的意识						
	具备安全用电，正确防火、防爆、防毒意识						
	主动思考技术难点，具备一定的创新能力						
总结反思							

拓展阅读

如何将煤基固废“变废为宝”？

“富煤、贫油、少气”的能源资源特点决定了我国以煤炭为主的能源结构，煤炭为国民经济发展提供基础。但是在煤炭开采利用过程中会产生固体废弃物，例如，在煤炭开采过程中产生的煤矸石、在煤炭燃烧利用中产生的粉煤灰、在煤炭化工转化过程中产生的气化灰渣等。这些固体废弃物统称为煤基固废，目前对其处置主要以填埋堆存为主，煤基固废的累计堆存量已经达到数百亿吨，而且还保持着每年新产生15亿吨的高速增长。堆存和填埋后形成的煤矸石山需要占用大量的土地资源，这种处理方式有时还会产生扬尘影响空气质量，重金属等如果渗透到土壤中还会造成土壤污染。

为此，2021年3月国家发展和改革委员会联合九部门发文提出：到2025年，新增大宗固废综合利用率达到60%，存量大宗固废有序减少。煤基固废属于最为普通和典型的大宗固废，解决好煤基固废处置的问题，对未来环境可持续发展意义重大。

燃料化：煤基固废大规模利用的有力武器

煤基固废的燃烧利用可以实现碳的利用，可用于产生蒸汽或者发电，实现煤的替代，目前已经实现了规模化的利用。我国将煤矸石作为燃料进行发电的历史始于20世纪70年代，早期的煤矸石发电技术主要通过沸腾炉进行燃烧，但存在燃烧效率低、能耗高和污染严重的问题。

随后，由于具有极强的煤种适应性和污染物排放低等特点，循环流化床燃烧技术在我国迅速发展。2002年，由中科院工程热物理研究所循环流化床实验室开发的130t/h燃用煤矸石循环流化床锅炉在甘肃窑街投运，成功解决了煤矸石的高效燃烧问题。近几年，我国每年至少有1.4亿吨煤矸石被用于发电，绝大部分都是通过循环流化床燃烧技术实现的，其效果相当于每年节约3800万吨标准煤。

但当前煤矸石发电仍然面临着诸多挑战：一方面是经济效益不高，部分煤矸石电厂甚至还处于亏损状态；另一方面是煤矸石发电会产生大量的粉煤灰，其产量大约是普通火电厂的2~3倍，给煤矸石电厂带来了巨大的环保压力。

材料化：煤基固废资源化的终极法宝

燃烧处置可以实现无害化，但仍会残余大量无机灰分，还需要进一步的处置。而材料化利用，才是煤基固废资源化的终极法宝。除了脱碳后作为建材简单利用外，根据煤基固废中灰的组分不同，煤基固废材料化利用的方式可以分为如下几类，一是含有一定有机物的，它们是携带固氮、解磷、解钾等微生物的理想基质和载体，可以用于微生物肥料和复合肥料等生产农业肥料；二是主要由金属氧化物组成的，具有抗压耐温等特点，通过烧结等工艺可以制备水泥、陶粒和玻璃纤维棉等建工建材；三是含有大量的稀有元素的，如镓、硒和钛等，可以通过化学提纯的方法进行提质利用；四是富含硅铝成分的，可以用于制取碳化硅、分子筛、白炭黑以及聚合氧化铝等含铝硅基产品（图15-5）。

燃料化和资源化结合，将煤基固废“变废为宝”

目前，在中国科学院战略性先导专项和国家自然科学基金的支持下，中科院工程热物理研究所循环流化床实验室团队正在开发煤基固废资源化利用技术（图15-6），包括流态化焚烧碳利用和熔融高值化利用两个关键技术，通过两个关键技术的结合，实现了碳的燃烧/气化利用和无机组分的铝硅基产品高值化利用。

煤基固废中的碳组分通过活化改性后实现高效燃烧，产生蒸汽或电；无机组

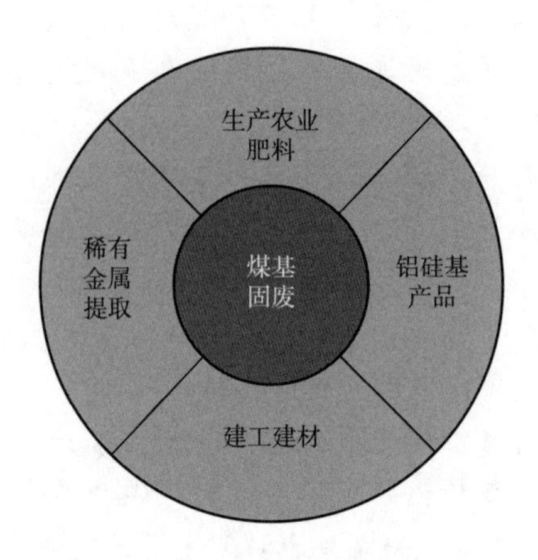

图 15-5　煤基固废的材料化利用

分通过熔融矿相重构，进一步实现高值化利用，制取铝硅基产品。目前流态化焚烧碳利用技术已经应用于气化灰渣焚烧发电，实现了单台焚烧炉处理量 500t/d 的工业示范，效益显著；熔融高值化利用技术已经完成了技术的中试验证，正在开展工程示范。

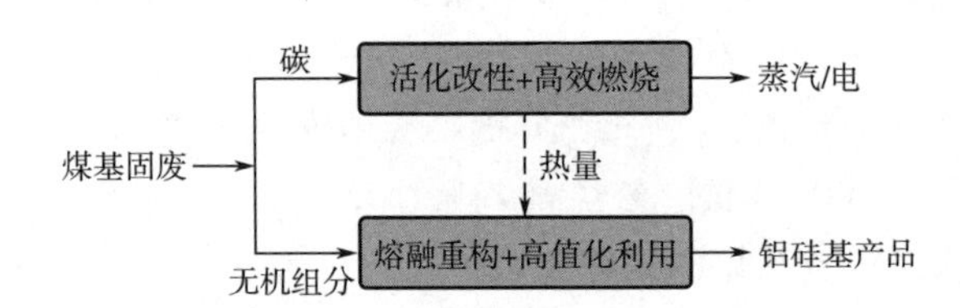

图 15-6　煤基固废燃烧资源化利用技术

煤基固废的资源化利用是煤电—化工有色—材料—新能源循环经济新模式的重要支撑，可促进大型煤—电—化能源基地与周边化工、新材料等产业有机融合，进而实现煤炭及其伴生资源在本地区内高效循环利用，降低固废及其产品长周期堆存和跨地区运输对生态环境的影响。因此，实现煤基固废的规模化和资源化利用势在必行，有利于构建我国绿色循环经济。

思考与讨论参考答案

项目一　概述

此项为发散思维问答，没固定答案，答案仅供参考

1. 仿真技术是什么？仿真技术的用途是什么？

仿真技术是一种利用计算机模型来模拟现实世界系统的技术。它通过创建一个与实际系统相似的虚拟环境，来模拟系统的操作和行为，以便在没有实际执行的情况下研究、测试和分析系统的性能。仿真技术广泛应用于工程、科学研究、军事、航空、医疗、教育和娱乐等领域。

2. 仿真培训系统学员站的使用步骤是什么？

启动程序、选择运行方式（单机模式、局域网模式）、选择培训产品、选择培训工艺、选择培训项目、选择通用 DCS 风格、完成培训后退出系统。

3. 请说明仿真系统中操作质量评价系统的功能。

操作评分、工艺指标考核、操作步骤考核、评分指标设置、分区、分角色操作评定、工艺质量参数评定曲线、自动记录与统计、报告生成、实时反馈。

项目二　离心泵单元

1. 离心泵的主要部件是什么？

叶轮、泵壳、轴封装置。

2. 离心泵的主要性能参数是什么？

流量、扬程、功率、效率。

3. 什么是气蚀现象？气蚀现象有什么破坏作用？

气蚀是指当贮槽液面的压力一定时，当叶轮中心的压力降低到等于被输送液体当前温度下的饱和蒸汽压时，叶轮进口处的液体会出现大量的气泡，这些气泡随液体进入高压区后又迅速被压碎而凝结，致使气泡所在空间形成真空，周围的液体质点以极快的速度冲向气泡中心，造成瞬间冲击压力，从而使得叶轮部分很快损坏，同时伴有泵体震动，发出噪音，泵的流量、扬程和效率明显下降，这种现象称为气蚀。其会使泵壳和叶轮表面变得凹凸不平，摩阻系数增加，泵效率下降，电耗增加，易对叶轮、泵壳等产生破坏。

4. 为什么启动前一定要将离心泵灌满被输送液体？

离心泵在运转时，如果不灌满被输送液体，泵内就没有充满液体或在运转中

漏入空气，叶轮只是带动泵内的空气旋转，由于空气的密度比液体的密度小得多，产生的离心力小，在吸入口处所形成的真空度较低，不足以将液体吸入泵内，不能把泵内和管路内的空气全部排出，即不能在泵内产生真空，因而水就吸不上来，这时为防止和消除“气缚”现象，通常在泵启动前要灌泵，使泵内和管道内充满液体。

项目三　CO_2 压缩机单元

CO_2 压缩机设备位号与名称测试答案

设备位号	设备名称	设备位号	设备名称
FR8103	配空气流量控制	HIC8162	四回一防喘振阀
LIC8101	V-111 液位控制	PIC8241	四段出口压力控制
LIC8167	V-119 液位控制	HS8001	透平蒸汽速关阀
LIC8170	V-120 液位控制	HIC8205	调速阀
LIC8173	V-121 液位控制	PIC8224	抽出中压蒸汽压力控制
HIC8101	段间放空阀		

项目四　电动往复式压缩机单元

电动往复式压缩机设备位号与名称测试答案

设备位号	设备名称	设备位号	设备名称
GB101A	压缩机	VG06	闸阀
GB101B	压缩机	VG07	闸阀
FA101A	缓冲罐	VG08	手动控制阀
FA101B	缓冲罐	VG09	手动控制阀
FA102	分离罐	VL01	闸阀
EA101	冷却器	V02	液位控制阀
VG01	闸阀	VL03	闸阀
VG02	闸阀	VL04	闸阀
VG03	闸阀	V05	流量控制阀
VG04	闸阀	VL06	闸阀
VG05	闸阀	FV101	流量控制阀

项目五 真空系统单元

真空系统设备位号与名称测试答案

设备位号	设备名称	设备位号	设备名称
D416	压力缓冲罐	E419	换热器
D441	压力缓冲罐	E420	换热器
D451	压力缓冲罐	P416	液环真空泵
D417	气液分离罐	J441	蒸汽喷射泵
E416	换热器	J451A	蒸汽喷射泵
E417	换热器	J451B	蒸汽喷射泵
E418	换热器		

项目六 罐区系统单元

罐区系统设备位号与名称测试答案

设备位号	设备名称	设备位号	设备名称
T01	产品罐	T03	产品罐
P01	产品罐 T01 的出口压力泵	P03	产品罐 T03 的出口压力泵
E01	产品罐 T01 的换热器	E03	产品罐 T03 的换热器
T02	备用产品罐	T04	备用产品罐
P02	备用产品罐 T02 的出口泵	P04	备用产品罐 T04 的出口压力泵
E02	备用产品罐 T02 的换热器	E04	备用产品罐 T04 的换热器

项目七 管式加热炉单元

管式加热炉设备位号与名称测试答案

设备位号	设备名称	设备位号	设备名称
FIC101	工艺物料进料量	PDIC112	雾化蒸汽压差
FIC102	采暖水进料量	TI104	炉膛温度
LI101	V-105 液位	TI105	烟气温度
LI115	V-108 液位	TIC106	工艺物料炉
PIC101	V-105 压力	TI108	燃料油温度
PI107	炉膛负压	TI134	炉出口温度
PIC109	燃料油压力	TI135	炉出品温度

项目八　锅炉系统单元

锅炉系统设备位号与含义测试答案

设备位号	设备含义	设备位号	设备含义
LIC101	除氧器水位	FI108	烟气流量
LIC102	上汽包水位	LI101	大水封液位
TIC101	过热蒸汽温度	LI102	小水封液位
PIC101	除氧器压力	PI101	锅炉上水压力
PIC102	过热蒸汽压力	PI102	烟气出口压力
PIC103	液态烃压力	PI103	上汽包压力
PIC104	高压瓦斯压力	PI104	鼓风机出口压力
FI101	软化水流量	PI105	炉膛压力
FI102	至催化裂化除氧水流量	TI101	炉膛烟温
FI103	锅炉上水流量	TI102	省煤器入口东烟温
FI104	减温水流量	TI103	省煤器入口西烟温
FI105	过热蒸汽输出流量	TI104	排烟段东烟温
FI106	高压瓦斯流量	TI105	除氧器水温
FI107	燃料油流量		

项目九　精馏塔单元

精馏塔设备位号与名称测试答案

设备位号	设备名称	设备位号	设备名称
FIC101	塔进料量控制	LC101	塔釜液位控制
FC102	塔釜采出量控制	LC102	塔釜蒸汽缓冲罐液位控制
FC103	塔顶采出量控制	LC103	塔顶回流罐液位控制
FC104	塔顶回流量控制	TI102	塔釜温度
PC101	塔顶压力控制	TI103	进料温度
PC102	塔顶压力控制	TI104	回流温度
TC101	灵敏板温度控制	TI105	塔顶气温度

项目十　双塔精馏单元

双塔精馏设备位号与名称测试答案

设备位号	设备名称	设备位号	设备名称
FIC140	低压蒸汽流量	FI128	进料流量
FIC141	轻组分脱除塔塔釜流量	TI141	脱除塔进料段温度
FIC142	轻组分脱除塔塔顶回流量	TI143	脱除塔塔釜蒸汽温度
FIC144	脱除塔塔顶油相产品量	TI139	脱除塔塔釜温度
FIC145	脱除塔塔顶水相产品量	TI142	脱除塔塔顶段温度
TIC140	脱除塔灵敏板温度	PI125	脱除塔塔顶压力
PIC128	脱除塔顶回流罐压力	PI126	脱除塔塔釜压力
FIC149	低压蒸汽流量	TI152	精制塔塔釜蒸汽温度
FIC150	精制塔塔顶回流量	TI147	精制塔塔釜温度
FIC151	精制塔塔釜产品量	TI151	精制塔塔顶温度
FIC153	精制塔塔顶产品量	TI150	精制塔进料段温度
TIC148	精制塔灵敏板温度	PI130	精制塔塔顶压力
PIC133	精制塔顶回流罐压力	PI131	精制塔塔釜压力

项目十一 吸收解吸单元

吸收解吸设备位号与名称测试答案

设备位号	设备名称	设备位号	设备名称
AI101	回流罐 C4 组分	LI103	D-102 液位
FI101	T-101 进料	LIC104	解吸塔釜液位控制
FI102	T-101 塔顶气量	LIC105	回流罐液位控制
FRC103	吸收油流量控制	PI101	吸收塔顶压力显示
FIC104	富油流量控制	PI102	吸收塔塔底压力
FI105	T-102 进料	PIC103	吸收塔顶压力控制
FIC106	回流量控制	PIC104	解吸塔顶压力控制
FI107	T-101 塔底贫油采出	PIC105	解吸塔顶压力控制
FIC108	加热蒸汽量控制	PI106	解吸塔底压力显示
LIC101	吸收塔液位控制	TI101	吸收塔塔顶温度
LI102	D-101 液位	TI102	吸收塔塔底温度

项目十二　催化剂萃取单元

1. 本单元的萃取剂是什么？

水

2. 反应液的温度高低对萃取有什么影响？

温度明显地影响溶解度曲线的形状、联结线的斜率和两相区面积，从而也影响分配曲线的形状。温度升高，分层区面积减小，不利于萃取分离的进行。

3. 丙烯酸丁酯的物理性质是什么？

无色透明液体，不溶于水，可混溶于乙醇、乙醚。

4. 本单元主要设备名称是什么？

设备位号	设备名称	设备位号	设备名称
P425	进水泵	E-415	冷却器
P412A/B	溶剂进料泵	C-421	萃取塔
P413	主物流进料泵		

项目十三　间歇反应釜单元

间歇反应釜设备位号与名称测试答案

设备位号	设备名称	设备位号	设备名称
TIC101	反应釜温度控制	LI101	CS_2 计量罐液位
TI102	反应釜夹套冷却水温度	LI102	邻硝基氯苯罐液位
TI103	反应釜蛇管冷却水温度	LI103	多硫化钠沉淀罐液位
TI104	CS_2 计量罐温度	LI104	反应釜液位
TI105	邻硝基氯苯罐温度	PI101	反应釜压力
TI106	多硫化钠沉淀罐温度		

项目十四　固定床反应器单元

固定床反应器设备位号与名称测试答案

设备位号	设备名称	设备位号	设备名称
PIC1426	EV429 压力控制	TC1466	EH423 出口温度
TIC1466	EH423 出口温度控制	TI1467A	ER424A 温度
FIC1425	C_2X 流量控制	TI1467B	ER424B 温度
FIC1427	H_2 流量控制	PC1426	EV429 压力
FT1425	C_2X 流量	LI1426	EV429 液位
FT1427	H_2 流量		

项目十五　流化床反应器单元

流化床反应器设备位号与名称测试答案

设备位号	设备名称	设备位号	设备名称
FC402	氢气进料流量	FI405	R401 气相进料流量
FC403	乙烯进料流量	TI402	循环气 E401 入口温度
FC404	丙烯进料流量	TI403	E401 出口温度
PC402	R401 压力	TI404	R401 入口温度
PC403	R401 压力	TI405/1	E401 入口水温度
LC401	R401 液位	TI405/2	E401 出口水温度
TC401	R401 循环气温度	TI406	E401 出口水温度
FI401	E401 循环水流量		

参考文献

［1］樊亚娟，薛叙明．化工仿真操作实训［M］．北京：化学工业出版社，2023.

［2］刘红梅．化工单元过程及操作［M］．北京：化学工业出版社，2008.

［3］闫志谦，张利锋．化工原理上册［M］．北京：化学工业出版社，2016.

［4］闫志谦，张利锋．化工原理下册［M］．北京：化学工业出版社，2016.

［5］徐宏，时光霞．化工生产仿真实训［M］．北京：化学工业出版社，2021.

［6］赵刚．化工仿真实训指导［M］．北京：化学工业出版社，2018.

［7］米日古力·吾．我区 DMO 精馏技术实现新突破［N/OL］．新疆日报，2024-04-10［2025-01-10］．https：//xjrb. ts. cn/xjrb/20240410/224053. html.

［8］新华网．天津大学突破丙烯生产新工艺 助力化工行业绿色低碳转型［EB/OL］．2023-07-28［2025-1-21］．https：//www. news. cn/2023-07/28/c_1129772953. htm.

［9］新华网．现代煤化工清洁高效的关键技术——碳一化工［EB/OL］. 2022-08-25［2025-01-14］．https：//www. news. cn/science/2022-08/25/c_1310655762. htm.

［10］孙丹宁．新型催化剂实现高效全分解水制氢［N/OL］．中国科学报，2024-01-18［2025-1-21］．https：//wap. sciencenet. cn/mobile. php？type = daily&op = detail&id = 378027&mobile = 1.

［11］中国科学院工程热物理研究所．“变废为宝”，发展循环经济——煤基固废［EB/OL］．2022-03-16［2025-1-21］．https：//iet. cas. cn/science/wz/202203/t20220316_ 6399523. html.